ノーベル賞に二度も輝いた不思議な生物

テトラヒメナの魅力

沼田 治

慶應義塾大学出版会

はじめに

　「テトラヒメナを研究材料にして、細胞分裂を研究しています」と言うと、必ず「テトラヒメナって何ですか？」と質問されます。「繊毛虫で、ゾウリムシの仲間です」と答えると、相手に不思議そうな顔をされます。そこで「テトラヒメナの研究で3人のノーベル賞受賞者が出ているのですよ」と加えると、ちょっと興味をもってくれます。

　私とテトラヒメナとの出合いは、今から44年前の1974年4月、茗荷谷の東京教育大学理学部生物学科動物学専攻の発生学教室の教授室でした。4月に着任したばかりの新任教授、渡邉良雄先生から生まれて初めてテトラヒメナの話を聞きました。同調分裂が可能で、細胞分裂の研究材料としては最適な生物だとのこと。私は渡邉先生が国立予防研究所の病理部で免疫学を研究しておられたことを聞きつけ、免疫学の研究がしたいと思い、渡邉先生に指導を受けようと思ったのです。しかし、先生は大学ではテトラヒメナを材料に、細胞分裂や細胞周期の研究がしたいとのことでした。思惑が外れた私は戸惑いましたが、渡邉先生と話すうち、先生の学識の深さ、広さに圧倒されてしまいました。当時の大学の先生方は、ご自分の専門領域に閉じこもり、自分の専門外のことにはまったく関心をお持ちでないのです。ところが渡邉先生は、免疫学のこと、ウイルスのこと、バクテリオファージのこと、がんのこと、何を聞いても的確な答えが返ってくるのです。すごい先生が来られたと思い、あっ

はじめに

さり免疫学のことはあきらめて、テトラヒメナの細胞分裂の研究を始めることにしました。渡邉先生の人柄に惚れて、研究テーマを決めたのです。

　渡邉先生から、もらった研究テーマは「テトラヒメナのアクチンの精製」でした。なぜアクチンかというと、細胞が分裂するとき、分裂面の膜直下に収縮環(しゅうしゅくかん)という構造が出現し、収縮環の収縮で細胞はくびれきれることがウニ卵で明らかになっていました。この収縮環を構成するタンパク質がアクチンであることもわかっていました。テトラヒメナで細胞分裂を研究するためには、収縮環の存在と、アクチンの存在を明らかにしなければならないというのが、渡邉先生の考えでした。収縮環の存在は国立感染症研究所の電子顕微鏡室の保田友義さんが、そしてアクチンの存在は沼田が担当しました。保田さんはテトラヒメナの収縮環のみごとな電子顕微鏡写真を撮影し、1980年に論文として発表しました。しかし、私のアクチン探索は泥沼に入り、私はテトラヒメナアクチンの精製には失敗しました。私の研究生活は挫折から始まったわけですが、偶然、おもしろいことを発見しました。ミトコンドリアのクエン酸回路のクエン酸合成酵素が直径14 nmの繊維を形成することを見つけたのです（1983年）。「酵素が繊維を形成する」という意外な発見が、私の研究者としての人生のスタートとなりました。

　1989年8月14日から18日まで、米国ニューハンプシャー州ニューロンドンのコルビーソーヤー大学で開かれたゴードンコンファレンスの繊毛虫の分子生物学（Molecular Biology of Ciliated Protozoa）で、私は「酵素が形成する繊維の機能」の話をしました。そこで、私はテロメアを発見したブラックバー

ン（Elizabeth H. Blackburn）の話を聞き、リボザイムを発見したチェック（Thomas R. Cech）グループの研究成果を聞き、大核分化過程のDNA再編成の話を聞き、仰天しました。テトラヒメナは宝の山だと思いました。参加していた若手研究者もかなり高揚していました。その年のノーベル化学賞をチェックが受賞しました。私にとって、1989年は忘れられない年になりました。

　その後、今日まで、私はテトラヒメナを研究材料として多くの学生たちと、細胞分裂、繊毛運動、接合過程などではたらく細胞骨格タンパク質のはたらきを調べてきました。小さな驚きと喜びを味わうことができました。2009年には、ブラックバーンとグライダー（C. Greider）の師弟がテロメアとテロメラーゼの研究でノーベル生理医学賞を受賞しました。テトラヒメナの研究者は世界で200人くらいでしょうか。そんな小さな研究者集団ですが、2組の研究者がノーベル賞を受賞したことは、テトラヒメナが研究材料として、とても優れていたからだと思います。そして、彼らの後につづくノーベル賞候補者も2組はいると思います。

　この本は生物学の教科書ではありません。この本を書いた目的は2つあります。1番目は、研究材料として分子生物学の発展に大きな貢献をしているテトラヒメナを、多くの方々に知っていただきたいと思ったからです。生物学上の大きな発見（2件のノーベル賞受賞を含む）に結びついた研究の背景には、研究者の優れたインスピレーションと研究材料の適切な選択があります。どういう理由でテトラヒメナを研究材料に選び、どういう研究方法で実験を進め、そして大きな発見に至ったのか、時

はじめに

代背景をたどりながら紹介したいと思います。これから生物学の研究をしようとする若い方々が、方向性を見定めるために参考になれば幸いです。

　2番目は、一人の生物学者が愛すべき研究材料テトラヒメナについて思いをつづり、こんなに魅力的な生物がいることを皆さんに知ってもらいたいと思ったからです。生物学に興味のある方もない方も、テトラヒメナの研究がわれわれの生活に、というよりもわれわれの命に深くかかわりあっていることを知っていただければうれしく思います。

目　次

はじめに　*3*

第1章

セレンディピティ満載の不思議な生物、テトラヒメナ …………………… *11*

1.1　テトラヒメナとは　*11*
1.2　テトラヒメナは２つの核をもつ　*13*
1.3　テトラヒメナには７つの性がある　*20*
1.4　テトラヒメナの有性生殖はとても複雑である　*21*
1.5　テトラヒメナの終止コドンＵＡＡはグルタミンをコードする　*23*

コラム①　二核性の進化は２段階で獲得された？　*27*

第2章

精子を動かすモータータンパク質 ………… *31*
——ダイニンの発見——

2.1　繊毛の構造　*31*
2.2　ダイニンの発見　*33*
2.3　ダイニンの存在部位　*35*
2.4　アクチンの役割　*37*

コラム②　繊毛運動は細胞質分裂に必要？　*39*

7

目次

第3章

生物の寿命を決める
染色体の末端構造 ……………………………… 41
——テロメアの発見——

- 3.1 染色体の構造　*41*
- 3.2 テロメアの発見　*43*
- 3.3 テロメアの役割　*44*
- 3.4 テロメラーゼと細胞の寿命　*47*
- **コラム 3** 繊毛虫の寿命とテロメア長　*50*

第4章

生命誕生の謎を解く
触媒機能をもったRNA ………………………… 51
——リボザイムの発見——

- 4.1 スプライシングとプロセシング　*51*
- 4.2 リボザイムの発見　*53*
- 4.3 セルフ・スプライシング　*54*
- 4.4 RNAワールドの提唱　*56*
- **コラム 4** リボザイムが「鶏卵論争」を解決！　*57*

第5章

ヒストンの驚くべき機能を担う酵素 ………………………………59

――ヒストンアセチル基転移酵素の発見――

5.1 遺伝子発現の謎　*59*
5.2 ヒストンの役割　*59*
5.3 ヒストンの翻訳後修飾　*61*
5.4 遺伝子発現の調節のしくみ　*64*
5.5 エピジェネティクスの発展　*65*
コラム 5 ヒストンのリベンジ！　*68*

第6章

遺伝子をスキャンするRNA ………………………*71*

―― scnRNAの発見――

6.1 DNAの劇的な変化　*71*
6.2 scnRNAモデルの提唱　*74*
6.3 DNA再編成のしくみ　*79*
コラム 6 ヒトのscnRNA？　*81*

目 次

第7章

テトラヒメナの7つの性を司るDNA再編成の発見 …………………………83

7.1 オリアス夫妻との出会い　*83*
7.2 テトラヒメナの7つの性　*85*
7.3 接合型に関与する遺伝子　*86*
7.4 新たな課題　*90*

第8章

テトラヒメナの研究の歴史 ………………*91*
──モデル生物への歩み──

8.1 テトラヒメナ研究の先駆け　*91*
8.2 無菌大量培養法の確立　*92*
8.3 同調培養法の確立　*94*
8.4 テトラヒメナの生物学への貢献　*96*
8.5 モデル生物としてのテトラヒメナの利点　*96*
8.6 これからのテトラヒメナ研究　*99*
8.7 私が考える可能性　*101*

おわりに　*107*
参考文献　*109*
索　引　*119*

第1章
セレンディピティ満載の不思議な生物、テトラヒメナ

1.1 テトラヒメナとは

　テトラヒメナは郊外の池や小さな水たまりにいます。私の勤める筑波大学の構内には大小いくつかの池がありますが、ほとんどの池の中にテトラヒメナは住んでいます。テトラヒメナは分類学的には図1.1のように分類されています。

```
原生生物界　Protista
　アルベオラータ門　Alveolata
　　繊毛虫類　Ciliophora
　　　貧膜口綱　Oligohymenophorea
　　　　膜口亜綱　Hymenostomatia
　　　　　膜口目　Hymenostomatida
　　　　　　テトラヒメナ亜目　Tetrahymenina
　　　　　　　テトラヒメナ科　Tetrahymenidae
　　　　　　　　テトラヒメナ属　Tetrahymena
　　　　　　　　　テトラヒメナ　Tetrahymena thermophila
　　　　　　　　　　　　　　　　Tetrahymena pyriformis
```

図1.1　テトラヒメナの分類学的位置づけ

第1章 セレンディピティ満載の不思議な生物、テトラヒメナ

　テトラヒメナは淡水の池や沼に棲息する単細胞生物です。大きさは、長さ50 μm、幅30 μmの西洋梨形をしています。テトラヒメナの学名 *Tetrahymena pyriformis* の *Tetrahymena* は、4枚 (tetra) の膜 (hymena)、*pyriformis* は西洋梨 (pyri) 形 (formis) という意味です。テトラヒメナの体表には、多数の繊毛が列をつくって生えており、これらの繊毛を動かすことによってテトラヒメナは自由に水中を泳ぐことができます (図1.2)。昔、私の恩師である渡邉良雄 (1931-2013) 先生から教わった

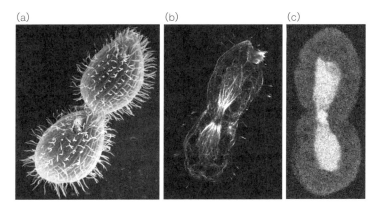

図1.2　分裂中のテトラヒメナ
(a) 走査電子顕微鏡像。細胞表面に多数の繊毛が列をつくって生えている。これを繊毛列とよび、18〜21列ある。細胞の前方には、餌をとる口部装置があり、繊毛が列状に密に生えた膜板が4枚存在する。*Tetrahymena* の学名は、この4枚の膜板に由来する。(b) 抗チューブリン抗体を用いた蛍光抗体法による、分裂中のテトラヒメナの微小管の局在性。微小管は、体表と口部装置の繊毛内、分裂中の大核内に放射状に存在する。(c) DNAを染色するDAPI (4′,6-diamidino-2-phenylindole dihydrochloride) による大核の染色像。

12

のですが、テトラヒメナの和名は「セイヨウナシガタヨツクチミズケムシ」といわれていたそうです。学名から直訳すると「セイヨウナシガタヨツマクミズケムシ」が正しいのですが、よい線を行っていると思います。

　テトラヒメナ細胞の前方には、われわれの口にあたる口部装置（oral apparatus）があります。口部装置を取り巻く4枚の膜が巧みに動いて、餌を口部装置に運び込みます。この4枚の膜は、多数の繊毛が2列あるいは3列に並んだもので、多くの繊毛が同調して動き、まさに膜が波打つように見えるのです。口部装置に送り込まれた餌（細菌など）は口部装置の喉の奥で食胞に取り込まれて、細胞の中に送り込まれます。細胞内で、食胞は消化酵素を含んだリソソームと融合して、食胞内の餌は消化酵素によって分解され、細胞の栄養分となるわけです。

　皆さんにテトラヒメナに興味をもっていただくために、テトラヒメナのおもしろい性質4つを紹介します。

1.2　テトラヒメナは2つの核をもつ

　テトラヒメナの大きな特徴の第1番目は、2つの核、すなわち「大核」と「小核」をもつことです。大核は直径10 μm で、細胞の中央にあります。大核の表面にある小さなくぼみの中に、直径2 μm の小核がはまり込んでいます。

　ほとんどすべての真核細胞は1つの核をもち、核の中には遺伝子をコードするDNAがあります。テトラヒメナの大核と小核の中にもDNAがありますが、それらのDNAのあいだには大きなちがいがあります。

小核には染色体が2セットあり、染色体の数は全部で10本です。したがって、$2n = 10$ ということになります。間期の小核では、これらの染色体は凝集したヘテロクロマチンとして存在しますが、おもしろいことにまったく遺伝子発現をしていません。細胞分裂ごとに小核は2分裂して、娘細胞に1つずつ分配されるわけですから、DNAの複製は起きているのに、DNA上の遺伝子の発現はまったく起きません。われわれのからだの中には、核で遺伝子が発現していない細胞はほとんどありません。例外は精子の核です。

小核で唯一、遺伝子発現が観察されるのは、テトラヒメナの有性生殖である接合過程の第一減数分裂のときです。転写されたRNAは、相補的なRNAと結合して2本鎖RNAを形成します。このRNAが大核分化のときに大活躍します（第6章参照）。接合過程で、小核は生殖核（germ nucleus）として、受精核を形成して、次世代の大核と小核を生み出します。また、小核から転写されたRNAは、遺伝子の組み換えと新しい大核の形成に関与します。生殖核というのは、卵や精子のような生殖細胞と同じようなはたらきをする核という意味です。

小核の核膜には、多数の核膜孔が存在し、核と細胞質の物質輸送を行なっています。また小核には、核小体（仁ともいう）は存在しません。核小体は、リボソームRNAを転写する場所なので、転写を行なわない小核には核小体がないのは当然です。転写を行なわない小核のクロマチンは、凝縮したヘテロクロマチンを形成しています。DNA複製のときだけ、小核のクロマチンはほぐれて、DNAポリメラーゼによるDNA複製が起きます。

1.2 テトラヒメナは2つの核をもつ

　そんな奇妙な小核のDNAに対して、大核はどうなっているのでしょうか。テトラヒメナの大核は、小核とは異なり、盛んに遺伝子発現をしています。大核は、栄養核（vegetative nucleus）として遺伝子発現の場となっています。この栄養核というのは、藻類・菌類・細菌などで活発に代謝を行なっている体細胞や増殖中の細胞の総称である栄養細胞に相当するはたらきをする核という意味です。

　大核のDNA量は増幅しており、小核の単相ゲノムの45～57倍のDNA量をもっています。およそ45～57倍という数字は平均で、たくさん増幅している遺伝子ではとてつもない数になっています。その一例は、リボソームRNAをコードする遺伝子、リボソームDNAです。その数は何とおよそ9,000～18,000セットも存在します。大核DNAの特徴は、数量の増加だけではありません。大核の中には長い染色体が存在せず、DNAは短い断片に切断されています。大核の中には、短いDNA断片が無数存在するわけです。もう一つの特徴は、小核のDNAと大核のDNAの配列を比較した結果、大核ではDNAの15％が失われていることがわかりました。大核では、一部のDNAが捨てられているのです。

　大核の核膜には、多数の核膜孔が存在し、核と細胞質の物質輸送を行なっています。また大核には、多数の核小体（仁）が存在し、盛んにリボソームRNAの転写が行なわれ、多数のリボソーム前駆体が形成されます。大核のDNAは遺伝子発現の活性が高いことから、ほぐれた構造のユークロマチンとして存在しています。

　大核と小核の機能の大きなちがいは、どのようなしくみによ

るのでしょうか。大核や小核のタンパク質は細胞質で合成され、核膜孔を通って核内に移行します。岩本らは、核と細胞質の物質輸送を担っている核膜孔複合体を構成するヌクレオポリン（Nup）というタンパク質に大核と小核のあいだでちがいがあるのではないかと考え、大核と小核のNupの比較検討を詳細に行ないました。その結果、大核と小核のNup98はまったく異なったアミノ酸配列であること、Nup98のちがいはゲノムの収納状態と遺伝子の活性に大きな影響を与えるリンカーヒストンの核内への通過を選択的に制御することを明らかにしました[1,2]。すなわち、核膜上の核膜孔複合体のわずかなちがいが、核内輸送システムを介し、大核と小核のゲノムや遺伝子の状態のちがいに深く関与していることを示したのです。

　このように遺伝子発現やクロマチン構造に大きなちがいがある、小核と大核の核分裂はどうなっているのでしょうか。まさに小核と大核のちがいは、その分裂様式でも顕著であることがわかりました（図1.3）。細胞分裂期に入ると、小核は細胞表面近くに移動して、小核分裂を開始します。小核の核膜は崩壊せず、小核内に紡錘体が形成されます。これを「核内紡錘体」とよびます。われわれヒトの細胞では、細胞分裂期に入ると核膜が崩壊して、細胞質内に紡錘体が形成されるのとは大きなちがいがあるわけです。小核分裂では、核内紡錘体によって5対の染色体が娘核に分配されます。動物細胞と同じような有糸分裂によって、染色体は娘核に分配されるのです。一方、小核の分裂にひき続いて起こる大核の分裂では、染色体や紡錘体が形成されず、大核は引きちぎられるように分裂します。この大核分裂は、紡錘体がつくられないので「無糸分裂」とよばれていま

1.2 テトラヒメナは2つの核をもつ

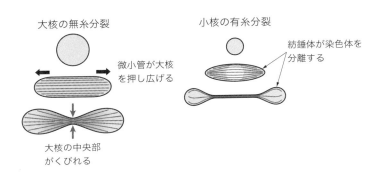

図1.3 テトラヒメナの大核分裂と小核分裂
大核分裂は、核内の微小管の重合によって大核が円筒形になり、中央部にくびれが生じて大核が分裂する。無糸分裂とよばれていたが、微小管は出現する。小核分裂では、核内に紡錘体が形成されて、染色体は娘核に分配される。

す。

われわれは、大核分裂中に大核内微小管がダイナミックな構造変化をすることが明らかにしました（図1.4）[3]。間期の大核には微小管はほとんどありませんが、分裂期に入ると大核内に多数の微小管が一斉に出現します。大核内で微小管が急激に重合するように見えるので、微小管の重合中心を形成するγチューブリンの挙動を調べてみました[4]。その結果、最初はγチューブリンは微小管上に散在していることがわかりました。次に、大核の中央にγチューブリンが集まり、微小管は中央から放射状に並びました。その後、微小管は横方向に整列して伸長することにより、大核は楕円形になります。さらに伸長して棒状になった大核の中央部にくびれが生じ、くびれの進行によって大核は2つに分裂します。γチューブリン遺伝子をノックダウン

17

第1章　セレンディピティ満載の不思議な生物、テトラヒメナ

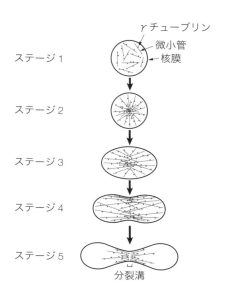

図1.4　大核分裂中の微小管とγチューブリンの挙動
ステージ1：分裂期に入ると、大核内に微小管が一斉に出現する。γチューブリンは微小管上に散在する。ステージ2：γチューブリンが大核の中央に集まり、微小管が放射状に並ぶ。ステージ3：微小管が伸長して、大核が楕円形になる。ステージ4：伸長した大核の中央部分にくびれが生じる。ステージ5：くびれが進行して、大核が分裂する。

すると大核分裂は異常になるので、γチューブリンは大核分裂に不可欠であることがわかりました。このような大核内微小管のダイナミックな構造変化と、断片化したDNAの分配にはキネシンやダイニンなどの微小管モータータンパク質がはたらくと考えられていますが、その詳細は不明です。

　繊毛虫が、生殖核である小核と、栄養核である大核の2種類

1.2 テトラヒメナは2つの核をもつ

の核を有することは、多細胞生物が生殖細胞系と体細胞系を有することと同じだと思います。生殖核は、遺伝子を大事に子孫に伝える役割を果たし、接合のときだけ遺伝子発現を行ないます。一方、生殖核から生じた栄養核である大核では、DNAの断片化と一部の除去、そして増幅が起き、盛んに遺伝子発現を行ないます。接合ごとに大核は退化して、小核から新しい大核が形成されます。大核は世代交代をくり返し、つねに若返るのです。ゾウリムシ（*Paramecium caudatum*）では、およそ600回分裂すると、クローン全体が老化して死に至ります。接合を行なって世代交代すると、分裂回数はリセットされ、600回分裂できるようになります。大核の老化は、遺伝子の損傷が蓄積した結果と考えられています。小核が遺伝子発現をしないことは、遺伝子の損傷を最小限にして、遺伝子セットを大事に維持するためだと考えられています。小核と大核の役割分担は、まさに優れた進化的戦略なのです。

　繊毛虫は、大核がいちじるしい高次倍数性を獲得したことで、効率のよい転写活性を獲得し、細胞の巨大化を実現しました。ゾウリムシの体長は200 μmにも達します。繊毛虫がどのように二核性を獲得したのかは大きな謎ですが、大核分化の課程ではダイナミックなDNA再編成（DNAの一部の除去、DNAの断片化、そしてDNAの増幅）が起き、その課程には、後述するscnRNAなど、興味深い発見の可能性がたくさん隠されています。scnRNAについては第6章で紹介します。

1.3 テトラヒメナには7つの性がある

　テトラヒメナは栄養条件がよければ、2分裂で増殖しています。前述したように、小核が分裂した後に大核分裂が起きます。大核が分裂した後に細胞質がくびれきれます。これを「細胞質分裂」とよびます。このようにして子孫を増やす方法を「無性生殖」とよびます。

　栄養条件が悪くなると、テトラヒメナは無性生殖を行なわず、有性生殖を行ないます。テトラヒメナの有性生殖は「接合」とよばれています。接合型（性）の異なる細胞が対合し、接合を行ないます。テトラヒメナの接合を研究していた研究者がとんでもないことを発見しました。なんと、テトラヒメナには7つの接合型（性）があったのです。

　われわれのまわりの動物や植物の性は、雄雌の2種類です。7つの性が遺伝的にどのようにコントロールされているかを調べた遺伝学者が、ますます混乱する事実を明らかにしました。接合型ⅠとⅡの子孫には、接合型Ⅰ～Ⅶのすべてが出現したのです。2つの接合型の組合せで生じた子孫から、接合型Ⅰ～Ⅶのすべてが出現するということを遺伝学的にどのように説明したらよいのでしょうか。これでは、メンデルの遺伝の法則に従っているとはとても考えられません。こんな奇妙な現象を目の前にして、多くの遺伝学者が接合型の遺伝のメカニズムの解明に執念を燃やしましたが、この難問を解決することは容易ではありませんでした。この問題に60年近く挑戦しつづけたオリアス（Eduardo Olias）が2013年についに解決の糸口を見いだしました。これは第7章で紹介します。

1.4 テトラヒメナの有性生殖はとても複雑である

テトラヒメナの有性生殖（接合）のプロセスはとても複雑です。接合のプロセスを示した模式図（図1.5）を用いて説明し

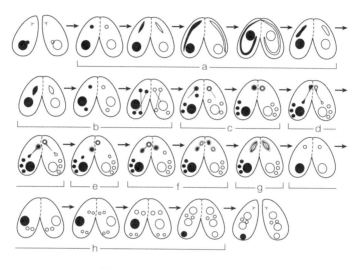

図1.5 テトラヒメナの接合過程
a：クレセント期＝小核内の微小管の重合によって、急激に伸長する。この時期は減数分裂前期にあたる。b：減数分裂期＝伸長した小核が短縮したのち、減数分裂中期に入る（26℃で相補的接合対を混ぜてから4〜4.5時間後）。2回の分裂によって半数体の4つの核が生じる。c：小核選択＝減数分裂で生じた4つの小核から1つの核が選ばれ、接合面に接する（5時間45分後）。d：核交換前分裂＝選ばれた小核が分裂し、静止核と接合面に接する移動核になる（6.5時間後）。e：移動核交換＝接合対のあいだで移動核が交換される（7時間後）。f：核融合＝交換された移動核と静止核が融合する。g：受精核形成＝核融合の結果、受精核が形成される（7.5時間後）。h：核交換後分裂と大核分化＝受精核が2回分裂して、細胞の前方の2つの核は大核に分化し、後方の2つの核は小核となる。点々は直径14 nmの繊維の局在を示している。

ます。細胞を飢餓状態にして一晩静置したのち、接合型（繊毛虫の性に相当）の異なる細胞を混ぜると、約40分後に接合対を形成します。しばらくたつと、減数分裂期に入り小核が見る見るうちに長くなります。これを「クレセント期」とよんでいます。クレセント期の小核の中では染色糸が平行に並び、組み換えを行なっていると考えられています。長く伸びた小核は短縮して、減数分裂中期に入ります。

　減数分裂後、4個の小核ができます。1個の核が接合面に向かってひきずりこまれて、接合面に接着します。残りの3個の核は退化してしまいます。接合面近くに残った核はふつうの分裂（核交換前分裂）をして2個の前核となります。1個は細胞の中にとどまる「静止核」で、もう1個は相手の細胞に移動する「移動核」です。接合対のあいだで移動核を交換するので、この時期を「核交換期」とよびます。相手の細胞に移動した移動核は、相手細胞の静止核と融合して、受精核を形成します。受精核は次世代の核です。受精核はさらに2回分裂（核交換後分裂）し、4個の核を形成します。4個の核のうち、前方の2個の核は大核に分化します。一方、後方の2個の核は小核となります。

　不思議なことに、小核は、第一減数分裂前期にだけ遺伝子発現を行ないます。一方、生殖核から生じた新しい大核では、DNAの断片化と一部の除去が起きたのち、急激なDNAの増幅が起きます。ここまで、古い大核はひっそりと細胞の中にいますが、大核分化のときに重要な役割を果たします。第6章で古い大核のはたらきについて紹介します。

　大核分化が終了すると、接合対の細胞それぞれは2個ずつの

大核と小核をもちます。接合対は分離して、古い大核が消失します。そのあと不思議なことに、2つの小核の1つは退化して、残った小核が分裂して2つの小核ができます。そして、細胞質分裂が生じて小核と大核を1つずつもつ2つの娘細胞が生じます。これが接合のプロセスです。

ここで皆さん、「大核は接合過程で小核からつくられる」ことに気がついたでしょう。小核は有性生殖の世代を越えて維持されますが、大核は有性生殖の世代ごとに新しくつくられるのです。

1.5 テトラヒメナの終止コドンUAAはグルタミンをコードする

1985年に奇妙な論文が3報出ました。1番目は、Preerらの「ゾウリムシの不動抗原タンパク質の遺伝子では、終止コドンTAAとTAGがグルタミンをコードしていた」というものです[5]。2番目は、HorowitzとGorovskyによる「テトラヒメナのヒストンH3遺伝子で、終止コドンTAAがグルタミンをコードしていた」というものです[6]。テトラヒメナの終止コドンはUGAのみでした。3番目は、Helftenbeinの「下毛亜綱の *Stylonychia lemnae* のαチューブリン遺伝子で、終止コドンTAAがグルタミンをコードしていた」というものです[7]。

なぜ終始コドンTAAがグルタミンをコードするようになったかは、とても興味深い問題です。この問題は、OsawaとJukesが1989年に提唱した「コドン捕獲説」[8]で説明できます。テトラヒメナの終止コドンUAAがグルタミンをコードするよ

第1章 セレンディピティ満載の不思議な生物、テトラヒメナ

mRNA	tRNA	終結因子
Gln コドン　　　　　　　　終止コドン [1] CAA-CAA-CAA-CAA-NNN-UAA	UUG	UAA,UAG,UGA を認識
↓① [2] CAA-CAA-CAA-CAA-NNN-UGA	↓① UUG　UUG	↓① UGA のみ認識
[3] CAA-CAA-CAA-CAA-NNN-UGA	↓② UUG　UUA	UGA のみ認識
↓③　　　　↓③ [4] UAA-CAA-UAA-CAA-NNN-UGA	UUG　UUA	UGA のみ認識

図1.6 コドン捕獲説による、終止コドンTAAがグルタミンをコードするしくみ ステップ①：mRNAの終止コドンUAAがUGAへ変換する。終結因子がUGAのみ認識。tRNA$^{Gln}_{UUG}$遺伝子が重複する。ステップ②：重複したtRNA$^{Gln}_{UUG}$遺伝子の片方のアンチコドンがUUGからUUAへ変異する。tRNA$^{Gln}_{UUG}$を認識するアミノアシルtRNA合成酵素がtRNA$^{Gln}_{UUA}$も認識するようになる。ステップ③：Glnを指定するmRNAのコドンの一部がCAAからUAAへ変異する。

うになるしくみについて、説明してみましょう。**図1.6**の1が「コドン進化前の状態」で、3つのステップで変化が起き、1→2→3→4の順でコドンの配列が変化して、終始コドンTAAがグルタミンをコードするようになったと考えられます。

そして、さらにおもしろいことに、コドン捕獲説による終止コドンの読み替えは、繊毛虫の進化の過程で複数回、独立に起きていることを、Adoutteらは1995年に報告しました[9]。繊毛虫の系統樹のなかのどこで、コドンの変換が起きたかを**図1.7**に示します。バツ印で示したところで、コドンの変換が起きたと考えられます。これは4回独立してコドンの変換が起きたことを示しています。コドンの変換はわれわれが考えているより

1.5 テトラヒメナの終止コドンUAAはグルタミンをコードする

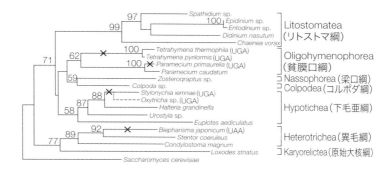

図1.7 繊毛虫の終止コドンの変化
×印は、コドンの変換が起こったと考えられる場所を示している。かっこ内は、使われている終止コドンを示す。[Tourancheau et al.: *EMBO J.*, **14**(13), 3262-3267, 1995, Fig. 1より改変]

も、頻繁に起こる可能性があるのかもしれません。

先日、急逝した畏友、月井雄二君が主宰していた原生生物情報サーバの繊毛虫の項目に（http://protist.i.hosei.ac.jp/taxonomy/Ciliophora/index.html）、彼の以下の言葉を見つけました。

「繊毛虫は「生きた化石」か？ 最近，琥珀の化石の研究から，2億2000～2300万年前にすでに現在と変わらない多くの原生生物がいたことがわかってきた[10]。その中には，いくつかの繊毛虫も含まれている。ゾウリムシ，テトラヒメナやキルトロフォシスなどである。有名なカブトガニは

> 2億年前から変わらずにいることで「生きた化石」と呼ばれているが、カブトガニがそうであるなら、ゾウリムシなどの繊毛虫も生きた化石といえる（そして、他の多くの原生生物も……）。」

2億2000〜2300万年もの長い歴史をもつ繊毛虫ならば、終止コドンの変換が独立に4回起きる可能性もあるのかもしれません。長年、テトラヒメナを研究していると、テトラヒメナには何でもありだと考えるようになりました。私の堅い頭も、テトラヒメナのおかげでかなり柔らかくなったように思います。

月井君が精魂を傾けて作成した原生生物情報サーバを覗いてみてください。日本各地に月井君が足を延ばして採集した原生生物の美しい写真がたくさんあります。日本産の原生生物がすべて網羅されています。見ているだけで楽しいものですが、なかには新発見もあり、論文にまとめることなく、2018年2月11日に月井君は亡くなりました。残念です。心から彼の冥福を祈ります。合掌。

コラム 1

二核性の進化は2段階で獲得された？

「繊毛虫が進化の過程で、どのように小核と大核を獲得したか」ということは興味深い問題です。この問題は、「繊毛虫の進化の過程で、どのようにして小核から大核が形成されるようになったのか」と言い換えることができます。繊毛虫の中でいちばん原始的な原始大核綱の *Loxodes* の大核の形成に、上記の問いに答えるヒントがあるかもしれません。

L. rostrum と *L. striatus* の細胞分裂時の小核と大核の挙動を示したのが**図1.8**です。*L. rostrum* には、小核1個と

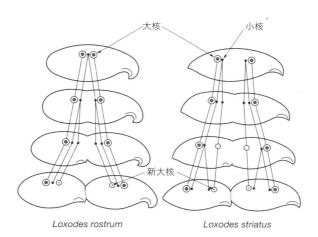

図1.8 原始大核綱 *Loxodes* 類の大核分化
細胞分裂ごとに小核から大核が分化する。したがって、細胞は古い大核と新大核を1個ずつもつ。[Karl G. Grell：*Protozoology*, p.101, Fig. 89, 1973 より改変]

大核2個があります。小核は染色体の数は$2n$で、RNA合成はしません。他の繊毛虫の小核と同様に、遺伝子発現をしていません。一方、大核は$2n$以上のDNAをもち、DNAはほぐれており、RNA合成(遺伝子発現)を行ないます。しかし、大核はDNA合成を行ないません。ここが他の繊毛虫と大きく異なるところです。*L. rostrum*が細胞分裂を始めると、大核は分裂せず、小核は2回分裂して4個の小核がつくられます。4個のうちの2個は膨潤して、大核を形成します。そして、細胞質分裂が起きて1個の小核と2個の大核をもつ娘細胞が生じます。2個の大核のうち1個は、新しく小核からつくられた若い大核です。もう1個は、親から受け継いだ古い大核です。つまり、*L. rostrum*では細胞分裂ごとに小核から大核が形成されます。

　同じようなことは、*L. striatus*でも起きています。*L. striatus*は、小核2個と大核2個をもっています。小核は、遺伝子発現をせず、染色体数は$2n$です。一方、大核は、$2n$以上のDNAをもち、遺伝子発現を行ないますが、DNA合成は行ないません。分裂期に入ると、小核は最初の分裂で4個になります。そのうちの2個が大核に分化します。残った2個の小核は、もう1回分裂し、4個の小核を形成します。こうして、4個の小核と大核をもった状態で、細胞質分裂が起き、小核と大核を2個ずつもった娘細胞が生じます。*L. striatus*でも、細胞分裂ごとに小核から大核が形成され、1つの大核はできたばかりの若い大核で、もう1つは親から受け継いだ古い大核です。

　上記のことから、小核と大核をもつ二核性の進化は、2つのステップがあったと考えられます。第一ステップで、細胞分裂ごとに小核から大核を分化させるしくみを獲得し、

第二ステップで、有性生殖と大核分化をカップルさせたものと考えられます。*L. rostrum* と *L. striatus* の細胞分裂時の大核分化のしくみがわかれば、第一ステップの問題は解決するでしょう。*L. rostrum* と *L. striatus* の大核分化のときにも、DNAの断片化、DNAの一部の除去、そしてDNAの増幅が起きているのでしょうか。これらはとても興味深い問題です。第二ステップの有性生殖と大核分化のカップリングの問題はもっと複雑かもしれませんが、*L. rostrum* と *L. striatus* の接合時の小核と大核の挙動を調べることによって、なにかヒントが得られるかもしれません。

第 2 章

精子を動かす
モータータンパク質

——ダイニンの発見——

2.1 繊毛の構造

　テトラヒメナの体表にはたくさんの繊毛が生えており（図2.1）、その運動によってテトラヒメナは自由に水中を泳ぐことができます。多くの繊毛は同調して動いています。この運動を「繊毛運動」とよびます。繊毛の運動をよく見ると、推進力を生み出す「有効打」と、繊毛が元の位置に戻る「回復打」があります。オールを使ってボートを漕ぐとき、水をつかんで推進力を出します。漕いだあとは、オールを空中に出して元の位置に戻し、再び水をつかんで強く漕ぐことをくり返し、ボートは前に進みます。水をつかんでオールを漕ぐのが有効打、オールを空中に出して元の位置に戻すのが回復打にあたります。

　われわれのからだの中にも、繊毛をもった細胞が存在します。その一つが気管上皮です。気管上皮にある繊毛も、同じ方向に向かって同調して動き、痰や異物を排出するはたらきをしています。

　繊毛によく似た鞭毛は、繊毛よりも長く、鞭毛の運動は繊毛

第2章 精子を動かすモータータンパク質

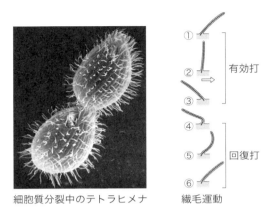

図2.1 テトラヒメナの体表の繊毛と、繊毛運動における有効打と回復打 ②の矢印は細胞の遊泳方向を示す。[右側の図は *Molecular Biology of the Cell*（第5版）のFig. 16-80 (B)より改変]

運動とは異なっています。代表的な鞭毛運動は、精子の運動です。精子は卵に向かって泳ぎ、精子が卵に到達すると精子の核が卵内に入り、卵の核と融合して受精核を形成します。これが受精です。鞭毛運動は、有性生殖のためのとても重要な運動です。

　繊毛と鞭毛は長さが異なりますが、断面の構造は共通しており、「軸糸」とよばれています。軸糸は、周辺部にある9本の周辺二連微小管と、中央にある中心対微小管、中心対微小管を取り巻く中心鞘、周辺二連微小管と中心対微小管をつなげるラジアルスポーク、周辺二連微小管のあいだをつなぐネクシンリンク、周辺二連微小管から腕のようにのびた外腕ダイニンと内

腕ダイニンから構成されています。軸糸の構造は「9＋2構造」とよばれています（**図2.2**）。9＋2構造は、ほとんどすべての真核生物の繊毛と鞭毛の基本構造です。9＋2構造をつくる微小管は、αチューブリンとβチューブリンいうタンパク質から形成されています。

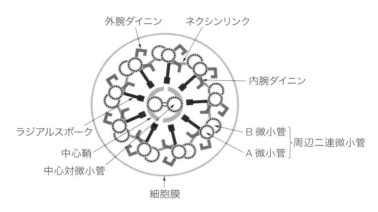

図2.2 繊毛（鞭毛）の断面の9＋2構造
[*Molecular Biology of the Cell*（第5版）のFig. 16-81 (B)より改変]

2.2 ダイニンの発見

　テトラヒメナの繊毛運動や精子の鞭毛運動は、どのようなしくみで生じるのでしょうか。今から60年ほど前、この軸糸の中に存在するATP加水分解酵素がATPを加水分解して生じたエネルギーで、繊毛や鞭毛の運動がひき起こされていると考えられていました。1950年から1960年にかけて、多くの研究者

が繊毛運動と鞭毛運動のしくみを研究しました。当初は、筋肉の収縮と同じようにアクチンとミオシンが繊毛運動や鞭毛運動にかかわっているのではと考えられていました。しかし、繊毛や鞭毛の中のミオシンを発見する試みは実を結びませんでした。一方、アクチンに関しては、1970年代に昆虫の精子鞭毛の中にアクチンが存在するという報告がありました[1,2]。当時、私はこれらの論文を読んで、まさかと思ったものです。それが、後述するように事実となったのは驚きでした。

　繊毛や鞭毛の中に存在するだろうと考えられていたATP加水分解酵素を発見することはかなり困難でした。このATP加水分解酵素を発見するために、まず問題になったことは、何を研究材料として選ぶかということです。精子の鞭毛を材料とするためには、多量の精子を集められる生物を選ばなければなりません。マウスやカエルでは精子を集めるのが大変です。一方、海産の生物には精子をたくさん海中に放出する生物がいます。代表的なものはウニです。ウニの精子を用いて、鞭毛運動をひき起こすATP加水分解酵素を探索する試みがなされました。しかし誰も、ウニの精子からATP加水分解酵素を発見することができません。

　では、ゾウリムシやテトラヒメナなどの繊毛虫を材料にしたらどうでしょうか。ゾウリムシの大量培養はむずかしいですが、テトラヒメナでは当時すでに合成培地で大量培養する方法が確立していました。このテトラヒメナに目をつけたのがギボンス(I. R. Gibbons)です。ギボンスは、合成培地で無菌大量培養が可能で、繊毛が体表にたくさん生えている*Tetrahymena pyriformis*を研究材料に選びました。*T.pyriformis*細胞を集め

て、12%エタノール、20 mM CaCl₂、1 mM EDTA（pH 7.0）溶液で処理すると、純度の高い繊毛を多量に分離することができます。次に、集めた繊毛の細胞膜を取り去るために、0.5%ディジトニン（digitonin）で処理します。ディジトニンで十分に処理したのち、遠心して繊毛を集めると、除膜された軸糸を大量に集めることができます。ギボンスは、得られた軸糸から、ATP加水分解酵素の抽出をいろいろな条件で試み、1 mM Tris‒HCl、1 mM EDTA溶液で抽出できることを発見しました[3]。ギボンスは、このATP加水分解酵素を「ダイニン」（dynein；dyneは力を意味し、‒inはproteinを意味する）と名づけました[4]。

2.3 ダイニンの存在部位

次に彼は、ダイニンが軸糸のどこに存在するのかを調べました。その方法がとてもすばらしいので紹介します（**図2.3**）[3]。

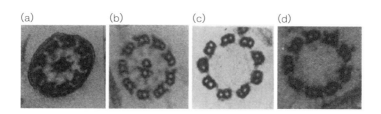

図2.3 ギボンスのダイニン再構成実験
（a）繊毛の断面、（b）ディジトニンで除膜した軸糸（外腕内腕がある）、（c）1 mM Tris-HCl、1 mM EDTA溶液でダイニンを抽出した軸糸（外腕内腕がなくなっている）、（d）ダイニンを抽出した軸糸にダイニンを加えた軸糸（外腕内腕が再び見えるようになった）。［論文3の図を改変］

膜を除去した軸糸とダイニンを抽出したあとの軸糸を電子顕微鏡で詳細に比較した結果、抽出後の軸糸には周辺二連微小管の外腕と内腕が消失していることがわかりました。さらに、抽出後の軸糸にダイニンを加えたら、外腕と内腕が回復していることがわかりました。まさに、外腕と内腕こそがダイニンそのものであることがわかったわけです。

　ギボンスがダイニン発見に成功した理由は、繊毛が多量にとれるテトラヒメナを材料に選んだこと、繊毛膜をディジトニンできれいに取り除いたこと、そして、膜を除いた軸糸から抽出条件を変えてATP加水分解酵素の抽出を試みたことがあげられます。ギボンスの着実かつ堅実なアプローチが成功に導いたわけです。

　ギボンスがテトラヒメナからダイニンを発見したのち、今までのダイニン研究の成果を簡単に紹介します。

　ギボンスは、研究材料をテトラヒメナからウニの精子に換え、ダイニンのはたらきを調べ、1971年に軸糸の微小管どうしの滑り運動をみごとな実験で示しました[5]。ウニの精子の細胞膜を界面活性剤のトリトンで除き、精子の頭部をはずした軸糸を機械的に断片化し、ATPを加えました。この状態では何も変化が起こりません。しかし、軸糸を短時間、タンパク質分解酵素で処理してからATPを加え、暗視野顕微鏡で観察すると、軸糸から微小管が滑り出してくることを観察しました。タンパク質分解酵素が微小管どうしをつないでいる構造（ネクシンリンクと考えられている）を分解したため、周辺二連微小管のA微小管上のダイニン複合体が隣りの周辺二連微小管を滑らせたわけです。サマーズ（K. E. Summers）とギボンスのこの実験は、微小管の

「滑り運動」を世界で初めて観察した画期的な実験です。その後、繊毛の中でダイニンは微小管の根元の方向に向かって滑ることがわかりました。ダイニンは微小管上を一方向にしか滑れないのです。

現在、軸糸の外腕と内腕に存在するダイニンは「軸糸ダイニン」とよばれています。外腕には1種類、内腕には5〜10種類のダイニンが存在することが知られています。外腕ダイニンは、繊毛打頻度と鞭毛打頻度に関係し、遊泳速度を調節していると考えられています。内腕ダイニンは、波形変化に関係するのではないかと考えられています。一方、ダイニンは、細胞質にも存在することが明らかになっています。これを「細胞質ダイニン」とよんでいます。細胞質ダイニンは、微小管上の小胞輸送のモーターの役割を担っています。テトラヒメナにも2種類の細胞質ダイニンが存在します。それらの機能はわれわれの研究室の学生が研究しています。細胞質ダイニン遺伝子を破壊すると、なんと大核と小核の数に異常が出ました。現在その原因を調べて、論文にまとめています。

2.4 アクチンの役割

最後に、繊毛内のアクチンの話に戻ります。1994年に武藤らは、テトラヒメナの繊毛内の内腕ダイニンにアクチン（Act1）が存在することを明らかにしました[6]。また柳沢らは、単細胞緑藻クラミドモナスの鞭毛の内腕ダイニンにもアクチンが存在すること、アクチンはダイニン尾部に結合している軽鎖に結合していることを明らかにしました[7]。そして、2006年に

ウィリアムス（N. E. Williams）らは、テトラヒメナのアクチン遺伝子（*Act1*）を破壊すると、繊毛運動が遅くなることを報告しました[8]。アクチンというとすぐにミオシンを考えますが、繊毛や鞭毛ではアクチンは内腕ダイニン複合体の一員として、ダイニンのはたらきに重要な役割を担っているのです。

　ちょっと常識について一言。細胞運動の代表は、筋肉内でのアクチンとミオシンのあいだの滑り運動による筋収縮です。細胞内の運動では、アクチン・ミオシン系による原形質流動やアメーバ運動，微小管・ダイニン系と微小管・キネシン系による微小管上の物質輸送などがよく知られています。アクチンはミオシンと相互作用し、微小管はダイニンあるいはキネシンと相互作用をするという、常識で凝り固まった頭ではダイニンとアクチンのカップルはなかなか受け入れがたいものがあります。しかし、繊毛や鞭毛では、内腕ダイニンはアクチンと相互作用してはたらいています。常識をかなぐり捨てると、生物のおもしろさを素直に受けいれることができます。常識の枠組みを飛び越える自由な思索から、新しい創造が生まれます。「知識に凝り固まり、視野を小さくすることはやめましょう」これはいつも自分に言い聞かせている言葉です。

コラム 2

繊毛運動は細胞質分裂に必要？

　ウィリアムスらは、テトラヒメナのアクチン遺伝子（*Act1*）KO株は、繊毛運動が遅くなるとともに、細胞質分裂が異常になり、多核細胞が出現することを報告しています[8]。アクチン遺伝子を破壊したのですから、細胞質分裂をひき起こす収縮環の収縮が異常になったのではと考えたいところですが、*Act1* KO株をビデオ観察すると、分裂溝の形成は正常でした。しかし、娘細胞がくびれきれる最後の段階で、細胞質分裂を失敗することがわかりました。ウィリアムスらは細胞質分裂が完了できなかった理由を、繊毛運動が遅くなったことによるロトキネシス（rotokinesis）の阻害によるものと考察しています。

　ロトキネシスとは何でしょうか（図2.4）。テトラヒメナの細胞質分裂の最終段階では、2つの娘細胞のあいだをつなぐ糸のような構造が観察されます。この糸が切れて、細胞質分裂は完了します。この2つの娘細胞をつないでいる架橋構造を切るはたらき、具体的に書くと、前の娘細胞が左側に回転し、後ろの娘細胞が右側に回転して、架橋構造を物理的に切断する現象がロトキネシスです[9]。前後の娘細胞がそれぞれ反対方向へ回転する現象は繊毛運動によってひき起こされるため、繊毛運動が遅くなるとロトキネシスが阻害されるわけです。ロトキネシスが阻害されると、2つの娘細胞は再融合して、小核と大核を2個ずつもった細胞が生じるのです。したがってテトラヒメナでは、細胞質分裂の完了に繊毛運動は不可欠なのです。

第2章　精子を動かすモータータンパク質

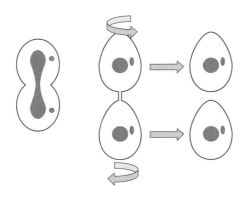

図2.4　ロトキネシスのしくみ

細胞質分裂の最後には、2つの娘細胞を結ぶ架橋構造が生じる。前の娘細胞と後ろの娘細胞が反対方向に回転することで、この架橋構造が物理的に切断される。ロトキネシスがうまくいかないと、架橋が切断されないため、2つの娘細胞は融合して、大核と小核を2つずつもった細胞が生じる。

第3章

生物の寿命を決める染色体の末端構造
―― テロメアの発見 ――

3.1 染色体の構造

　染色体がなんらかの原因で切断されると、その端は不安定になり、分解されたり、他の切断面と結合したり、あるいは染色体の他の部分と組換えを起こしたりします。一方、正常な染色体の末端は安定であることから、末端には特殊な構造があると考えられてきました。DNAの複製時にも、DNA末端で不都合なことが起きることが指摘されていました。DNAの複製では、最初にDNAの5′側にRNAプライマーが形成され、そこから5′→3′の方向に向かってDNAポリメラーゼによるDNA合成が進行します。RNAプライマーが除かれたあと、DNAはRNAプライマー分だけ短くなります（**図3.1**）。これは細胞が分裂するたびに、RNAプライマー分だけDNAが短くなることを示します。このようなことを避けるために、DNA末端には何か特殊な構造があると考えられていました。

　染色体構造研究の大家であるゴール（J. G. Gall）と彼の研究室のポスドクであったブラックバーン（E. H. Blackburn）は、

第3章　生物の寿命を決める染色体の末端構造

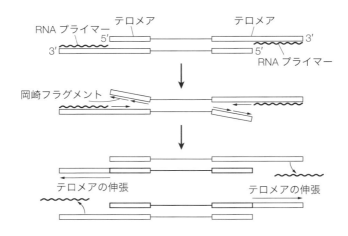

図3.1　直線状DNA末端でのDNA複製
3′末端にRNAプライマーが結合し、5′→3′の方向にDNA合成が始まる。5′末端では、岡崎フラグメントが形成されてDNA合成が進む。DNA複製が終わると3′末端でテロメアの伸長が起き、元と同じ長さの直線状DNAが形成される。

染色体の末端構造の研究に着手しました。まず彼らが頭を悩ませたのは、どの生物を実験材料に使うかということでした。ヒトの染色体は46本あるので、DNA末端構造はヒト細胞あたり46×2で92個です。DNAの末端構造を研究するために適した生物は、この末端構造がたくさんある生物です。

当時、繊毛虫の大核のDNAが断片化していることが明らかになっていました。テトラヒメナでは、接合過程で小核から大核が分化するとき、DNAはおよそ200〜300本のDNAに断片化し、それぞれが約45〜57倍に増幅します。一方、テトラヒ

42

メナのリボソームRNA (rRNA) をコードする遺伝子 (rDNA) は9,000〜18,000倍に増幅します[1]。その結果、新しい大核の中には、断片化したDNAが最大300×57＋18,000＝35,100本、存在することになります。なんとDNAの末端構造は70,200個もあります。DNA末端の数は、ヒト細胞の760倍です。均一なrDNAを研究対象にすれば、研究はさらにやりやすくなるはずです。そして、テトラヒメナは、合成培地を用いて無菌状態でかつ短時間（48時間）で大量培養が可能です。

3.2 テロメアの発見

ゴールとブラックバーンは、DNA末端構造解明の研究材料としてテトラヒメナを選び、rDNAの末端構造の探索をスタートしました。そして彼らは、テトラヒメナの大核の直線状のrDNA分子の末端に、次のような塩基配列のくり返しが存在することを発見しました[2]。

5' CCCCAA 3'
3' GGGGTT 5'

このくり返し構造は、rDNA以外の大核DNAの末端にも存在し、他の繊毛虫の大核DNAの末端にも似た構造が見つかりました。染色体末端にあるこのくり返し構造を「テロメア (telomere)」とよびます。テロメアは、繊毛虫ばかりではなくすべての真核生物の染色体の末端にも存在していました。ちなみに、ヒトのテロメアの配列はTTAGGGです。**表3.1**は1984

表3.1 下等真核生物のテロメアDNAの配列

生物種	5′→3′テロメア配列
繊毛虫貧膜口綱	
テトラヒメナ	CCCCAA
ゾウリムシ	CCC [A/C] AA
繊毛虫下毛亜綱	
Stylonychia	CCCCAAAA
Oxytricha	CCCCAAAA
鞭毛虫	
Trypanosoma	CCCTAA
Leishmania	CCCTAA
粘菌	
真正粘菌	CCCTAA
細胞性粘菌	$C_{1-8}T$
菌類	
出芽酵母	$(CA)_{1-6} C_{2-3} A$

年のブラックバーンの総説[3]とヘンダーソン（Henderson）の総説[4]から引用したものですが、1978年のブラックバーンとゴールによるテトラヒメナのテロメア配列（CCCCAA）発見以後、短期間に、多くの下等真核生物のDNA末端構造が解明されました。まさに、世界中で競争だったことがわかります。

3.3 テロメアの役割

　テロメアの役割は、まず染色体の末端を安定化することです。次に、DNA複製時に、DNAの5′末端でRNAプライマーが除かれたのち、RNAプライマー分、DNAが短くならないようにすることです。末端でテロメアが伸長することによって、

DNAの長さは一定に保たれるわけです（図3.1）[5]。

　では、テロメアはどのようにして形成されるのでしょうか。ブラックバーンと弟子のグライダーは1985年に、テトラヒメナの核分画から、テロメアを合成する酵素テロメラーゼ（telomerase）の精製に成功しました[6]。さらに1989年には、テロメラーゼはタンパク質とRNAの複合体であり、このRNAには3'CAACCCCAA 5'という配列が含まれていることを発見しました。テロメラーゼは、自分自身のRNA中のCAACCCCAAを鋳型にして、テロメアのTTGGGGのくり返しを合成していたのです。すなわちテロメラーゼは、RNAを鋳型としてDNAを合成する、逆転写酵素の活性をもっていたのです（図3.2）[7]。このRNAの長さは、テトラヒメナで159塩基、ヒトでは451塩基で、生物種ごとに異なります。

　図3.2に示すように、テロメア3'末端でTTGGGGTTGが伸長しますが、テロメアの5'末端はどうなっているのでしょうか。従来のDNA複製と同じように、プライマー（AACCCC）が結合して、DNAポリメラーゼによって5'から3'方向に向かってDNAが合成されます。すなわち、テロメアの3'末端では、テロメラーゼのRNAを鋳型としてDNAが合成されて、テロメア3'末端は伸長します。一方、テロメアの5'末端はDNAポリメラーゼによって合成されています。

　テロメラーゼが逆転写酵素活性をもつことから、逆転写酵素が真核生物のなかに普遍的に存在することが初めて明らかになりました。逆転写酵素は、RNAウイルスにのみ存在する特殊な酵素ではなかったわけです。

　1990年にブラックバーンらは、テロメラーゼのRNAの

第3章　生物の寿命を決める染色体の末端構造

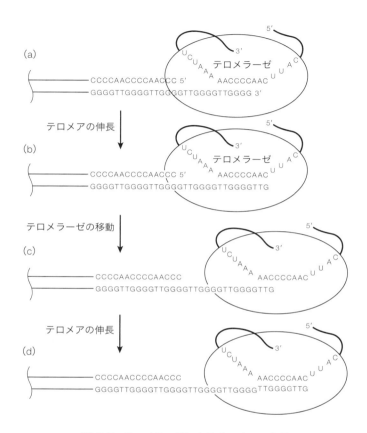

図 3.2 テロメラーゼによるテロメアの伸長

テトラヒメナのテロメアは、3′末端で13塩基が1本鎖になっている。1本鎖になっているところにテロメラーゼが結合し、テロメアが伸長するしくみは以下のように考えられている。(a) テロメラーゼにより、1本鎖のTTGGGGが認識されると、TTGGGGはテロメラーゼのRNA中のCAACCCCAAと結合する。(b) テロメアの3′末端にTTGが付け加えられる。(c) テロメアの3′末端のTTGがテロメラーゼ中のRNAの3′側のAACと結合することによって、テロメラーゼが移動する。(d) テロメラーゼ中のRNAのCCCCAACを鋳型としてテロメアの3′末端での伸長が生じる。

CAACCCCAA配列を遺伝子組換えによって変異させることに成功しました。テロメア配列をCAACCCCCAAあるいはCGACCCCAAに換えると長いテロメアが形成され、CAACCTCAAに換えると短いテロメアが形成されました。さらに興味深いことに、形質転換された細胞では細胞分裂が阻害され、巨大細胞が生じました[8]。この結果は、テロメアが細胞分裂や細胞周期に関係する新たな機能をもつことを意味しています。また、テロメアを介して染色体どうしあるいは染色体と核膜が相互作用していることがわかりました。この場合、テロメアに結合するタンパク質が重要であることが明らかになっており、繊毛虫下毛目に属する *Oxytricha nova* のもつ分子量41,000のテロメア結合タンパク質がヒストンH1と類似していることが明らかになりました[9]。今後、テロメア結合タンパク質やテロメアと細胞周期の関係などを明らかにすることによって、真の染色体像が明らかになると期待されます。

3.4 テロメラーゼと細胞の寿命

繊毛虫では、テロメラーゼ活性がとても高い状態にあります。その要因は、大核DNAが断片化されており、細胞周期ごとに膨大なDNA末端でテロメア合成を行なう必要があるためです。単細胞生物は例外なくテロメラーゼ活性をもちます。多細胞動物では、生殖細胞や幹細胞にテロメラーゼ活性はありますが、体細胞では、テロメラーゼ活性が低いことが知られています。一方、ヒトのがん細胞では、テロメラーゼ活性がとても高いので、細胞の不死化とテロメラーゼの関係が注目されています。

植物細胞にはテロメラーゼ活性があり、挿し木などの栄養生殖で植物を増やすことができることと関連があると考えられています。

　正常なヒト由来の細胞は、一定の回数、分裂すると、細胞は分裂を停止します。これを「ヘイフリック限界」とよびます。ヒトの臓器の細胞を培養すると、高齢者の細胞は若者の細胞よりも分裂回数が少なくなります。また、遺伝的早老症患者の細胞は、健常者の細胞よりも分裂可能回数が少ないことが明らかになりました。ヒトの体細胞は、年齢とともに分裂可能回数が減少することは明らかです。その原因として、テロメアとの関係が注目されました。生まれたばかりの赤ん坊のヒト体細胞は、テロメアDNAの長さは8〜12 kbp（bpは1塩基対）ですが、年齢が高くなるにつれてその長さは短縮します。テロメアDNAが5 kbpほどになると、ヘイフリック限界がおとずれ、細胞は分裂できなくなります。しかし、テロメラーゼ活性が高い生殖細胞やがん細胞には、ヘイフリック限界はありません。したがって、テロメラーゼ活性とヘイフリック限界とのあいだには関連があると考えられています。現在、老化とテロメアの関係が注目され、テロメラーゼ活性を維持すれば老化を防げるのではないかと考える研究者もいます。しかし、がん細胞ではテロメラーゼ活性が高いことから、テロメラーゼの活性をコントロールすることと、アンチエイジングとの関係には不明な点が多くあります。アンチエイジングのせいでテロメラーゼ活性が高まり、その結果、がんになったのでは本末転倒です。

　グライダーらは1997年に興味深い論文を発表しました[10]。がん細胞ではテロメラーゼ活性が高いので、テロメラーゼ活性

が低いマウスをつくったら、がんを防げるのではないかと考え、テロメラーゼRNA成分（mTR）をマウス生殖系列から欠失させました。mTR －/－マウスは、検出可能なテロメラーゼ活性を欠いていますが、その後分析された6世代にわたって、mTR －/－マウスは生存可能でした。テロメラーゼ欠損細胞は、培養で不死化され、ヌードマウスに形質転換後、ヌードマウスに腫瘍を生成しました。テロメラーゼ活性がなくても、がんを誘発したのです。テロメアは、mTR －/－世代あたり4.8 ± 2.4 kbの速度で短縮することが示されました。mTR －/－第4世代以降の細胞は、検出可能なテロメア反復を欠く染色体末端、異数性、および染色体末端での融合を含む染色体異常を有していました。これらの結果は、テロメラーゼがテロメア長の維持に必須ではありますが、マウスにおける細胞株の樹立、発がん形質転換、また腫瘍形成には必要ないことを示しています。

　がん細胞ではテロメラーゼ活性が高いのですが、テロメラーゼ活性を低下させてもがん化は防げなかったのです。つまり、テロメアあるいはテロメラーゼと老化あるいはがん化との関係は、一筋縄ではいかないことが判明したのです。

　2009年に、ブラックバーンと彼女の学生であったグライダー、そしてジャック・ショスタクの3人は、テロメアとテロメラーゼ酵素が染色体を保護する機序の発見によって、ノーベル生理医学賞を受賞しました。

コラム 3

繊毛虫の寿命とテロメア長

　ヒメゾウリムシ（*Paramecium tetraurelia*）細胞は、クローンの寿命が限られていて、自家生殖（autogamy）あるいは接合を経なければ、約200回の分裂後に死亡します。ギレイとブラックバーンは、ヒメゾウリムシの細胞老化がテロメア短縮に起因する可能性を試験するために、ヒメゾウリムシのクローン寿命（200回分裂）のあいだの大核のゲノムDNAを分析しました[11]。その結果、テロメアDNA配列の長さが、クローン寿命のあいだでは短縮されず、増加する傾向があることを見つけました。しかし、大核DNAの平均サイズは、クローン寿命のあいだに顕著に減少しました。彼女らは、蓄積したDNA損傷がヒメゾウリムシにおいて細胞老化をひき起こすというモデルを提案しました。したがって、テロメアの長さの短縮と老化の関係は種によって異なるようです。

第4章

生命誕生の謎を解く触媒機能をもったRNA
―― リボザイムの発見 ――

4.1 スプライシングとプロセシング

　真核生物のタンパク質をコードする遺伝子には「エクソン」と「イントロン」が存在します。遺伝子から転写されたmRNA前駆体からイントロン部分が除かれ、エクソン部分がつながってmRNAが完成します。この過程は「スプライシング」とよばれ、イントロンの切り出しにはタンパク質が酵素として作用していることが知られています。リボソームRNAをコードするrDNAはイントロンをもつものは例外的ですが、テトラヒメナの大核あたり9,000〜18,000コピーもあるrDNAには、イントロン様の介在配列（IVS）が存在することが知られていました。テトラヒメナrDNAの一次転写産物（rRNA前駆体）の構造を図4.1に示します。このrRNA前駆体には、17S rRNA配列、5.8S rRNA配列、そして26S rRNA配列が存在します。26S rRNA領域の後半部分に、塩基数413のIVSが存在し、rRNA形成の過程で切り出されるのです[1]。

　テトラヒメナのrRNA前駆体から、RNAのプロセシングによ

第4章 生命誕生の謎を解く触媒機能をもったRNA

図4.1 テトラヒメナのrRNA前駆体

テトラヒメナのrRNAには、17S、5.8S、26Sの3種類がある。26S rRNAをコードしている部分に存在する介在配列（IVS）は、rRNAになったときに除去される。

って、17S rRNA、5.8S rRNA、そして26S rRNAが形成されます。そのRNAプロセシングを**図4.2**に示します。RNAプロセシングの第1段階で、26S rRNA前駆体の中にあるIVSが切

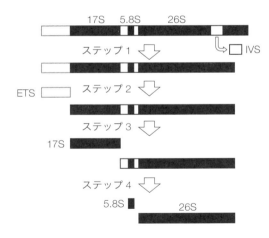

図4.2 テトラヒメナのrRNA前駆体のプロセシング

4つのステップからなり、ステップ1でIVSは切り取られる。これらのステップの半減期は、ステップ1が2秒、ステップ2が24秒、ステップ3が24秒、ステップ4が1.8分である。ETS：外部転写スペーサー。

52

り取られます。第2段階で5′の外部転写スペーサー（ETS）が切り出され、第3段階で17S rRNAが切り出され、第4段階で5.8S rRNAと26S rRNAが切り出されます[1]。チェック（T. R. Cech）は、9,000〜18,000倍も増幅しているrRNA前駆体のIVSの切り出しに着目して、スプライシングの分子機構の解明に着手しました。チェックの慧眼は、大量に存在し、調製が容易で、スプライシング箇所が1カ所であるテトラヒメナのrRNA前駆体を研究材料に選んだことです。そして、チェックは思いもよらない現象を発見したのです。

4.2 リボザイムの発見

　チェックらは26S rRNA前駆体のスプライシングの分子機構を明らかにするため、テトラヒメナからrRNA前駆体を精製し、これに核内の各種タンパク質を加えてスプライシング活性がある酵素を見つけようとしました。しかし、予想に反して、rRNA前駆体をMgイオンとグアノシン存在下に置くと、それだけでスプライシングが起きることを見つけました[2]。彼らは、rRNA前駆体の分画にタンパク質がまったくないことから、RNA分子が自分自身を切る酵素としてはたらいたと考えました。しかし、酵素活性はタンパク質がもつという常識を覆すためには、組換えDNA技術による次のような実験が必要でした。

　まず彼らは、テトラヒメナrDNAのIVSを含む断片を、大腸菌のプラスミドにつないで、クローン化しました。次に、これを鋳型として、大腸菌のRNAポリメラーゼによって*in vitro* RNA転写物をつくり、タンパク質をまったく含まないRNAを

調製しました。そして、得られたRNAをテトラヒメナのrRNA前駆体と同じ条件に置いたところ、まったく同じようにスプライシングが生じました[3]。この実験では、テトラヒメナのタンパク質の混入はまったくありえないし、大腸菌のタンパク質の混入もありません。このようにして彼らは、RNA分子が自分自身を切る酵素活性をもつことを、世界で初めて証明することに成功しました。RNAが酵素（enzyme）活性をもつことから、これを「リボザイム」（ribozyme）と名づけ、テトラヒメナrRNAのリボザイムによるスプライシングを「セルフ・スプライシング」とよびました。

4.3 セルフ・スプライシング

　セルフ・スプライシングにはグアノシンとMgイオンが必要であり、エネルギーの供給は必要ありません。413個の塩基からなるIVSは、2段階のリン酸エステルの転移反応で切り出されます。第1段階は、グアノシンが5'スプライス部位を攻撃し、この部分に切れ目を入れ、グアノシンはIVSの5'末端に結合します。第2段階では、5'エクソンの3'OHが3'エクソンの5'末端を攻撃し、5'エクソンと3'エクソンが互いに結合し、同時にIVSが切り出されます（図4.3）[4]。

　IVSの塩基配列の一部を欠失させたり、置換させたりすると、セルフ・スプライシングの活性が消失することから、IVSのとる高次構造がこの反応に重要であることがわかりました。したがって、IVSはグアノシンと水素結合を形成することによって特異的な高次構造をとり、第1段階の反応を容易にしているよ

4.3 セルフ・スプライシング

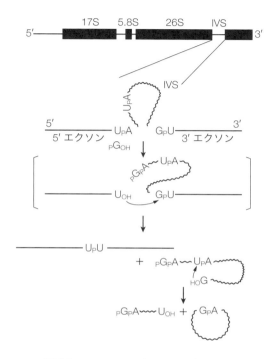

図4.3 セルフ・スプライシングのしくみ
2段階のリン酸エステル転移反応でIVSが除去され、5'エクソンと3'エクソンがつなぎ合わされる。切り出されたIVSは、5'末端から19塩基が切り出されたのち、環状構造をつくる。

うです[5]。アカパンカビ[6]や酵母菌[7]のミトコンドリアの遺伝子にも、テトラヒメナのIVSと似た構造（グループⅠイントロン）をもつものがあり、これらのmRNA前駆体も *in vitro* でテトラヒメナと同様のセルフ・スプライシングを行なうことが明らかになっています。したがって、セルフ・スプライシングは

テトラヒメナ特有のものではなく、生物界に普遍的に存在するものと考えられています。

セルフ・スプライシングによってみずから切り出したIVSは、エステル転移反応によって環状になり、最終的には19個のヌクレオチドを切り捨てて、塩基数395個のRNA分子（L‒19 IVS）になります。これとpC$_5$（ペンタシチジル酸）を混在させると、時間とともにpC$_6$とpC$_4$、pC$_7$とpC$_3$、pC$_8$とpC$_2$というように、長い鎖と短い鎖が形成されることが明らかになりました[8]。長い鎖が形成されるということは、このRNAがRNAポリメラーゼとして作用していることを意味しています。

4.4　RNAワールドの提唱

さらにチェックらは、テトラヒメナのリボザイムが、活性はかなり低いのですが、DNAの特定の配列を基質として切断することを発見しました[9]。このように、RNAが、遺伝情報を伝えるばかりではなく、RNAやDNAを切断したり合成したりする機能をもつという事実は、生命の起源はRNAから始まり、原始生命の世界はすべて酵素がRNAであり、遺伝情報もRNAによって伝えられる「RNAワールド」であったという考えを強く支持します。

チェックはオルトマン（S. Altman）とともに、1989年にRNAの触媒機能の発見でノーベル化学賞を受賞しました。テトラヒメナを研究材料とした研究者が、初めてノーベル賞を受賞したのです。

1989年8月に米国ニューハンプシャー州ニューロンドンで開

かれたゴードン会議「繊毛虫の分子生物学」には、12カ国から100名近くの研究者が集まり、リボザイムやテロメアに関する多くの研究成果が報告されました。私も初めて参加しましたが、参加者のバイタリティに感動したものです。午前中と夕食後が研究発表の時間です。昼食後は三々五々好きなことをして時間を過ごすのですが、近くの湖に水泳に行ったり、山登りに行ったり、卓球をしたりと、とにかくみな元気です。夜のセッションは11時ごろに終わるのですが、その後も卓球をしたり、明け方まで議論したりと、アクティブに時間を使っています。

翌日の発表も、居眠りなどしている人はほとんどいませんでした。そんな元気な彼らの関心の的は、チェックがノーベル賞をとるのではないかということでした。チェックのノーベル賞受賞が決まったのち、テトラヒメナの研究者社会はえらく元気になりました。次は自分だという、若手研究者がたくさんいたように思います。私もおおいに刺激を受けたものです。

コラム 4

リボザイムが「鶏卵論争」を解決！

「鶏が先か、卵が先か」という論争はよくあることですが、生物学の分野でも生命の誕生を考えるとき、「DNAが先か、タンパク質が先か」という論争が長いあいだ続けられていました。タンパク質のアミノ酸配列の情報をコードするのは遺伝子DNAです。DNAを複製するDNAポリメラーゼはタンパク質です。DNAがなければタンパク質はつくられないし、タンパク質がなければDNAは複製され

ません。ということで、みな頭を抱えていたのです。そこに、RNAが酵素としてはたらくというリボザイムの発見です。エイズウイルスやインフルエンザウイルス、ノロウイルスなどでは、RNAが遺伝子としてはたらいています。RNAには、酵素と遺伝子の2役を果たす力があったのです。科学者たちは、生命誕生時の細胞では、RNAが遺伝子と酵素の2役を果たし、RNAが主役の世界「RNAワールド」が展開していたと考えました。そして、原始地球の海にはアミノ酸が豊富に含まれ、そのアミノ酸にRNAがはたらきかけ、タンパク質をつくることに成功します。RNAとタンパク質の世界が展開します。しかし、RNAにも弱点がありました。不安定で分解されやすいのです。そんなRNAに変わるものとしてDNAが出現し、DNAとタンパク質の世界が誕生します。

　では、RNAはわき役に退いてしまうのでしょうか。いいえ、そんなことはありません。生体内には、タンパク質に翻訳されない多数のRNA分子が存在し、重要な役割を行なっていることが明らかになっています。コロンブスが新大陸アメリカを発見したように、RNAの大陸が新たに発見されました。本書でも、テトラヒメナのなかでユニークなはたらきをするRNAについて、第6章で言及します。ということで、生物における鶏卵論争は、リボザイムの発見で一件落着しました。

第5章

ヒストンの驚くべき機能を担う酵素
——ヒストンアセチル基転移酵素の発見——

5.1 遺伝子発現の謎

　われわれヒトは、受精卵が分裂を重ねて発生分化し、およそ60兆個の細胞から構成されています。筋肉では、筋収縮に必要なアクチンやミオシンの遺伝子発現が盛んです。一方、膵臓のランゲルハンス島のβ細胞では、インスリンの遺伝子発現が盛んです。このように、われわれのからだをつくっている臓器ごとに、発現している遺伝子の種類は異なっています。臓器を構成する細胞の遺伝子のDNA配列はまったく同じにもかかわらず、発現する遺伝子の種類が異なるしくみはどうなっているのでしょうか。この質問に答える解答が、1996年にアリス（C. D. Allis）らによって、テトラヒメナで発見されました。

5.2 ヒストンの役割

　当時、米国ロチェスター大学にいたゴロブスキイ（M. A. Gorovsky）とアリスらは、テトラヒメナの小核では遺伝子発現

第5章 ヒストンの驚くべき機能を担う酵素

が起きず、大核では遺伝子発現が活発に行なわれるしくみを研究していました。DNAは、核の中で「ヒストン」というタンパク質と結合しています。「コアヒストン」とよばれるヒストンH2A、ヒストンH2B、ヒストンH3、ヒストンH4が2分子ずつ集まり、8分子がヌクレオソームコアという球状構造をつくり、DNAはこのヌクレオソームコアに巻き付いています。これを「ヌクレオソーム」とよびます。核内でDNAは真珠の首飾りのような形で存在します。真珠の部分がヌクレオソームコア、真珠を結び付ける糸の部分がDNAと考えてください。首飾りでは糸は真珠にあけた穴を通っていますが、DNAはヌクレオソームコアのまわりに巻き付いています（図5.1）。

当初、ゴロブスキイとアリスは、小核のヌクレオソームを構成するヒストンと、大核のヌクレオソームを構成するヒストンのあいだにちがいがあると考えていました。ヒストンのちがい

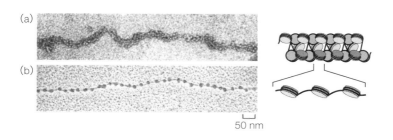

図5.1　電子顕微鏡で見たヌクレオソーム
(a) 30 nm クロマチン繊維、(b) ほぐれたクロマチン。ヌクレオソームがDNAでつながれている。[*Molecular Biology of the Cell*（第5版）のFig. 4-22およびFig. 4-73より改変]

によって、小核では遺伝子発現が行なわれず、大核では遺伝子発現が行なわれると考えたのです。これを証明するためには、どのような実験をしたらよいでしょうか。ゴロブスキイはまず、大核と小核を分離する方法を開発しました[1]。テトラヒメナをホモゲナイザーで破砕して、遠心分離法で核分画を回収します。核分画の中には、小核と大核が含まれています。大核と小核は、ショ糖密度勾配遠心法を用いて分離します。分離された大核と小核のタンパク質をSDS-ポリアクリルアミドゲル電気泳動法で分離して、両者のヒストンの組成を調べました。しかし、大核と小核のあいだでヒストンにはちがいがありませんでした。では、大核と小核のあいだで何がちがうのでしょうか？

5.3 ヒストンの翻訳後修飾

　ヌクレオソームを構成するヒストンは、リボソームで合成されたあと、リン酸が結合したり（リン酸化）、メチル基が結合したり（メチル化）、アセチル基が結合したり（アセチル化）することが知られています。このように、タンパク質にいろいろなものが結合することを「翻訳後修飾」とよびます。ゴロブスキイとアリスは、ヒストンの翻訳後修飾に注目しました。その結果、大核のコアヒストンはアセチル化されていますが、小核のコアヒストンはアセチル化されていないということがわかりました[2]。そこでアリスは、テトラヒメナからヒストンをアセチル化する酵素の分離精製を試みました。アリスがまずやったことは、ヒストンをアセチル化する酵素活性の測定方法の開発です。その当時、誰もヒストンをアセチル化する酵素の活性を測

っていなかったのです。アリスはみずから開発したヒストンアセチル基転移酵素の活性測定法[3]を利用して、テトラヒメナからこの酵素の精製に成功し、この酵素の遺伝子をクローニングして、アミノ酸配列を明らかにしました[4]。

　当時、遺伝子発現を調節する転写調節因子の研究は精力的に進められていました。マウス、ショウジョウバエ、線虫、酵母などのモデル生物を用いた研究によって、転写調節因子のなかには「コアクチベーター」あるいは「アクチベーター」とよばれる機能未知のタンパク質が不可欠であることが知られていました。驚いたことに、アリスらが精製したテトラヒメナのヒストンアセチル基転移酵素のアミノ酸配列が、酵母菌のコアクチベーターGcn5pのアミノ酸配列とよく似ていること、また、Gcn5pそのものにもヒストンアセチル基転移酵素活性があることがわかったのです。

　コアクチベーターの機能について頭を悩ませていた多くの研究者は、アリスの論文にインスピレーションを受け、ヒト[5]、ショウジョウバエ[5]、線虫[6]などのコアクチベーターにヒストンアセチル基転移酵素活性があるかどうかを調べました。それらの結果は予想どおり、すべてのコアクチベーターにはヒストンアセチル基転移酵素活性があることがわかりました。

　では、なぜ転写調節因子に含まれるコアクチベーターが、ヒストンアセチル基転移酵素活性をもっているのでしょうか。ヌクレオソームコアを形成しているヒストンH2A、ヒストンH2B、ヒストンH3、ヒストンH4のアミノ末端のリジン残基がアセチル化すると、プラスに帯電していた電荷がなくなります。その結果、マイナスに帯電しているDNAとの結合力がゆるみ、

5.3 ヒストンの翻訳後修飾

ヌクレオソームコアにかたく巻き付いていたDNAがゆるみます。転写調節因子は、ゆるんだDNAに結合しやすくなり、転写活性が増加するわけです。コアクチベーターはヒストンアセチル基転移酵素活性をもち、ヌクレオソームコアにしっかり巻き付いていたDNAをゆるめ、転写調節因子がDNAに作用しやすくするという重要な役割を担っていたわけです（図5.2）[7]。

DNA メチル化・ヒストン脱アセチル化

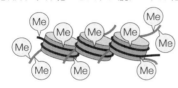

[エピジェネティク調節]
・抑制的なヒストン修飾（ヒストンH3の9番目のリジンと27番目のリジンのメチル化）
・ヘテロクロマチン化
・遺伝子発現の低下

DNA 脱メチル化・ヒストンアセチル化

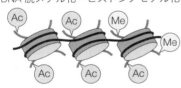

・促進的なヒストン修飾（ヒストンH3の4番目のリジンのメチル化, 9番目と14番目のリジンのアセチル化）
・ユークロマチン化
・遺伝子発現の上昇

図5.2 ヒストンの化学修飾による遺伝子発現の制御
DNAのメチル化とヒストンの脱アセチル化によって、ヌクレオソームコアとDNAがかたく結合し、染色糸はヘテロクロマチン化して遺伝子発現活性は低下する。一方、DNA脱メチル化とヒストンのアセチル化によってヌクレオソームコアとDNAの結合はゆるみ、転写因子が作用できるようになり、遺伝子発現活性が上昇する。

5.4 遺伝子発現の調節のしくみ

　テトラヒメナの大核で遺伝子発現が活発に行なわれ、小核では遺伝子発現が行なわれていない理由は、おわかりになりましたか？

　大核のヌクレオソームでは、ヌクレオソームコアヒストンがヒストンアセチル基転移酵素によってアセチル化され、ヌクレオソーム構造がゆるくなっているため、転写調節因子がはたらくことができ、DNAからmRNAへの転写が盛んに行なわれているのです。この状態のクロマチンを「ユークロマチン」とよびます。それに対して、小核では、ヌクレオソームコアヒストンがアセチル化されていないため、DNAがヌクレオソームコアにかたく巻き付いており、転写調節因子がDNAに結合できず、転写が抑制されていたのです。この状態のクロマチンを「ヘテロクロマチン」とよびます。

　私たちのからだの中でも、遺伝子発現が活発なDNA領域では、ヌクレオソームコアヒストンがアセチル化され、ヌクレオソーム構造がほぐれています。受精卵が分裂し、発生分化して成体になる過程で、特定の遺伝子座でヌクレオソームコアヒストンのアセチル化が起こり、ヌクレオソーム構造がほぐれ、遺伝子発現が盛んになります。それ以外の遺伝子座ではヒストンのアセチル化が起きず、ヌクレオソーム構造はかたくなっているため、遺伝子発現が起きないわけです。発生分化の過程で、どの臓器のどの遺伝子が発現するか、または発現しないかが決定されるわけです。ヌクレオソームコアヒストンの翻訳後修飾は、個体の発生分化において重要な役割を担っているのです[7]。

このように、遺伝子の塩基配列は変わらずに、遺伝子発現の調節が行なわれる現象を「エピジェネティク調節」とよびます。エピジェネティク調節では、ヒストンの翻訳後修飾（アセチル化、メチル化、リン酸化）とDNAのメチル化と脱メチル化が重要な役割を果たしています。

5.5 エピジェネティクスの発展

　アリスの発見を契機に、ヒストンの翻訳後修飾（化学修飾）による染色体の機能に関する研究は急速に発展し、発生分化やがん化のメカニズム解明に大きく貢献しています。そして、新時代の医療の創出に向けて多くの研究者がしのぎを削っています。アセチル基だけでなく、メチル基やリン酸基などがヒストンに結びつくことによって、遺伝子発現がダイナミックに調節されていることも明らかになりました。

　ヌクレオソームのヒストンコアは、ヒストンH2A、ヒストンH2B、ヒストンH3、ヒストンH4が2分子ずつ、計8個のヒストンタンパク質が玉のように結びついた8量体構造をつくっています。8量体からは「テール（尾）」とよばれるタンパク質が飛び出ています（図5.3）。アリスは、テールに結びつく複数の化学修飾のパターンが暗号（コード）のようにはたらき、遺伝子発現を調節しているという「ヒストンコード仮説」[8]を提唱し、この仮説の実証をめざして、アクティブに研究を進めています（図5.4）。

　テトラヒメナの大核と小核の遺伝子発現のちがいを追究していたアリスは、多細胞生物の発生分化で重要な役割を果たすエ

第5章 ヒストンの驚くべき機能を担う酵素

ピジェネティクスのしくみの解明に道を開いたわけです。その後のアリスの活躍には、目を見張るものがあります。まさに、繊毛虫研究者が発生分化のメカニズム解明の大舞台のど真ん中に躍り出たという印象です。生物学の研究の醍醐味を示す典型的なケースだと思います。

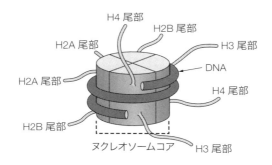

図5.3 ヒストンテール
ヒストンのアミノ末端がヌクレオソームコアから外に伸びている。このテール部分に、アセチル化、脱アセチル化、メチル化、脱メチル化、リン酸化、脱リン酸化が起き、ヒストンコアとDNAとの相互作用が変化して、遺伝子発現活性が高いユークロマチンや遺伝子発現活性が低いヘテロクロマチンが生じる。[*Molecular Biology of the Cell*（第5版）のFig. 4-33aより改変]

5.5 エピジェネティクスの発展

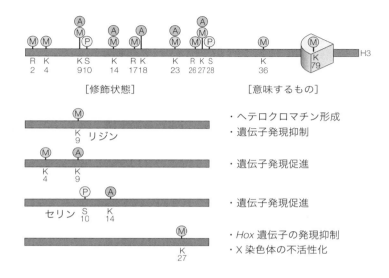

図5.4 ヒストンコード仮説

ヒストンH3を例として、テール部分の化学修飾と遺伝子発現の関係を示す。ヒストンH3の9番目のリジンがメチル化するとヘテロクロマチン形成をひき起こし、遺伝子発現は低下する。4番目のリジンがメチル化して9番目のリジンがアセチル化すると、遺伝子発現活性が上昇する。10番目のセリンがリン酸化されて14番目のリジンがアセチル化すると、遺伝子発現は上昇する。27番目のリジンがメチル化すると*Hox*遺伝子の発現抑制が起き、X性染色体は不活性化する。M：メチル化　A：アセチル化　P：リン酸化。[*Molecular Biology of the Cell*（第5版）のFig. 4-44bより改変]

第5章　ヒストンの驚くべき機能を担う酵素

コラム 5

ヒストンのリベンジ！

　1960年から1970年にかけて、多くの研究者がヒストンの研究に参入してきました。ヒストン研究は当時の流行でした。なぜ、多くの研究者がヒストン研究に情熱と時間を費やしたのでしょうか。ヒストンは核内に豊富に存在し、プラス電荷をもっています。一方、DNAはマイナス電荷をもっています。当時の研究者は、ヒストンとDNAが電気的に結合すると考え、ヒストンが遺伝子発現を抑制するモデル「ヒストンマスク説」とよぶような説を提唱したのです。ヒストンのマスクが取れれば、遺伝子発現が開始されるわけです。発生分化における遺伝子発現制御機構の解明は、最重要の研究課題です。多くの研究者がこの仮説の証明に情熱を注ぐのももっともです。しかし、残念なことに誰もこの仮説を証明することができませんでした。

　アリスはショウジョウバエを研究材料にして学位を取得しましたが、1970年代後半（20歳代後半）に、研究材料をショウジョウバエからテトラヒメナに変え、なんとヒストンの研究を開始しました。師事したのはロチェスター大学のゴロブスキイです。ここにヒストン研究の最強コンビが生まれました。そして、本章で紹介したように、ヒストンの翻訳後修飾が遺伝子発現調節に重要な役割を担っていることを発見したわけです。

　今や発生分化やがん化の研究領域では、エピジェネティクス（DNAの配列に依存せず、かつ細胞分裂を経て引き継がれる遺伝子機能の変化やしくみについての研究）が主役になっています。エピジェネティク調節の分子機構は、①DNAのメ

コラム5　ヒストンのリベンジ！

チル化（遺伝子発現オフ）と脱メチル化（遺伝子発現オン）、②ヒストンの化学修飾、③非翻訳性RNAによる制御（X染色体の不活性化など）が知られています。まさに、ヒストンはエピジェネティク調節の主役に躍り出たのです。長いあいだ不遇をかこっていたヒストンの（研究者の）リベンジが実現したのです。

第6章

遺伝子をスキャンする RNA

——scnRNAの発見——

6.1 DNAの劇的な変化

　テトラヒメナの接合過程の要点を図6.1で説明します。テトラヒメナは、栄養条件がよいときは、無性的に二分裂で増殖します。この時期を「栄養増殖期」とよびます。栄養条件が悪くなり、飢餓状態になると、接合型が異なるテトラヒメナは接合対を形成します。接合対を形成した細胞の小核は減数分裂を行ない、4つの半数核を形成します。これらの1つが選択され、1回分裂して2つの前核、すなわち「移動核」と「静止核」を形成します。移動核は交換され、相手側の静止核と融合して、受精核を形成します。受精核は2回分裂して4個の核を形成し、前方に移動した2つの核は大核に分化し、後方に移動した2個の核は小核となります。

　大核に分化する核では、DNA配列の15%の欠失とDNAの断片化が生じ、その後、DNAは45〜57倍増幅します（図6.2）[1]。とくに、rRNAをコードするrDNAでは、大核あたり9,000〜18,000コピーまで増幅することが知られています。大核の分

第6章 遺伝子をスキャンするRNA

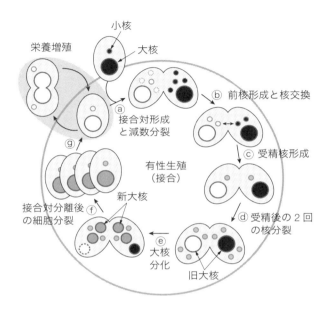

図6.1 接合過程の核の挙動
a：接合型の異なる細胞が接合対を形成し、減数分裂を開始する。b：4つの核の中から1つの核が選択され、接合面付近で分裂して、移動核と静止核が形成される。移動核は交換される。c：交換された移動核が相手の静止核と融合して、受精核が形成される。d：受精核は2回分裂して、4個の核が形成される。e：前方の2つの核は大核に分化して、後方の核は小核になる。旧大核は退化する。f：大核分化が終了すると接合対は離れ、それぞれが1回分裂して、大核と小核を1個ずつもった娘細胞が生じる。g：娘細胞は無性的に増殖する。［Chalker, D. L., Meyer, E., Mochizuki, K.：*Cold Spring Harb. Perspect Biol.*, **5** (12), a017764, 2013, doi: 10.1101/cshperspect.a017764, Fig. 1 より改変］

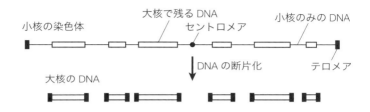

図6.2 大核分化過程でのDNAの再編成

大核分化過程で、小核に10対あった染色糸は断片化して、DNA全体の15%のDNAは除去される。除去される小核のみにあるDNAは、IESとよばれる。残りのDNA断片の両端にテロメアが結合したのち、DNAの増幅が起き、大核DNAが形成される。

化過程でみられるDNAの劇的な変化を「DNA再編成」とよんでいます。とくに、小核の遺伝子の15%が除去されるしくみに多くの研究者が興味をもち、半世紀にわたって研究が進められてきました。

このような遺伝子の再編成とともに、特定の遺伝子の配列中にも大きな変化が生じていることが明らかになりました。テトラヒメナと同じ繊毛虫の下毛亜綱に属する*Oxytricha nova*の小核のアクチン遺伝子では、9個のエクソン（タンパク質コード領域）がイントロン（タンパク質非コード領域）様配列を介して、1→9の順序で並んでいます。一方、大核のアクチン遺伝子では、イントロン様配列は除かれ、エクソンの順番が8-7-1-2-4-3-5-9-6と組み換えられていたのです。さらに興味深いことには、7番目のエクソンの方向が逆転していました（**図6.3**）[2]。

私もテトラヒメナのアクチンを研究していたので、グレスリ

第6章 遺伝子をスキャンするRNA

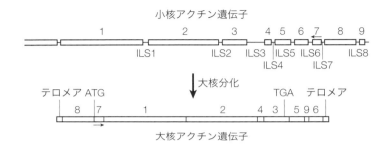

図6.3 *Oxytricha nova*の大核分化過程でのアクチン遺伝子の組換え
小核のアクチン遺伝子は、9個のエクソンがイントロン様配列（ILS）を介して並んでいる。大核分化の過程で劇的な組換えが起こり、大核アクチン遺伝子では7番目のエクソンの方向が反対になり、スタートコドンであるATGはエクソン7と8が結合して生じる。

ンとプレスコットらの論文を読んだときは本当に驚いたものです。繊毛虫の国際分子生物学会で、グレスリンから直接このダイナミックなDNA再編成のことを聞いたことはよい思い出です。当時（1993年）、その詳しい分子機構は明らかになっていませんでしたが、当事者から話を聞くことができたのはよい経験でした。

6.2 scnRNAモデルの提唱

テトラヒメナの大核の分化過程で、ゲノムの15％を占める特定の配列（internal eliminated sequence；IES）が切り出されるしくみについて、最近興味深いモデルが提唱されました。2002年に望月らは、RNA干渉（RNAi）に関連した短いRNA

6.2 scnRNAモデルの提唱

の存在を発見し、scnRNAモデルを提唱しました[3〜5]。scnRNAモデルのプロセスは以下のとおりです(**図6.4**)。

(a) 小核の全遺伝子から両方向に向かって転写が起こり、2本鎖RNAが形成される。
(b) 2本鎖RNAは、小核内でDicer様タンパク質Dcl1pによって切断され、scnRNAが形成される。
(c) scnRNAは細胞質へ出て、Twi1pタンパク質と結合する。2本鎖scnRNAはTwi1pタンパク質のはたらきで1本鎖になる。scnRNA–Twi1p複合体はGiw1pタンパク質のはたらきで古い大核の中に入る。
(d) 古い大核の中で、転写されたばかりのRNAと相補的なscnRNAがハイブリダイズし、相補的なscnRNAは分解される。
(e) 大核のmRNAとハイブリダイズしなかったscnRNA–Twi1pは、新しい大核に移動する。
(f) 新しい大核の転写されたばかりのRNAにscnRNAがハイブリダイズする。scnRNAがハイブリダイズしたのはIES(小核特異的配列)である。
(g) scnRNAが相補的に結合したことが、ヒストン3のメチル化をひき起こす。これが引き金となり、IESのヘテロクロマチン化が進行する。強くヘテロクロマチン化したIESが、トランスポゼース(Tbp2pタンパク質)によって切り出される。
(h) IESが除去されたのち、DNAの断片化と増幅が起こり、大核の分化が終了する。

第6章 遺伝子をスキャンするRNA

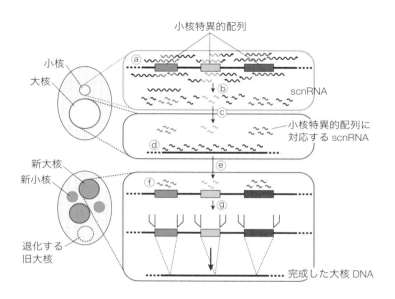

図6.4 DNA切り出しをコントロールするscnRNA
小核ゲノムの四角のボックスは、除去されるDNAを示す。a：小核ゲノム全体で両方向への転写が生じる。b：転写されたRNAは短く断片化され、scnRNAが形成される。c：scnRNAは古い大核に移動する。d：古い大核ゲノムと相補的なscnRNAはハイブリダイズする。e：ハイブリダイズできなかった小核特異的な配列に相補的なscnRNAは、分化途中の新大核に移動する。f：scnRNAは相補的な新大核ゲノムとハイブリダイズする。g：ハイブリダイズした部分がマークとなり、新大核ゲノムから小核特異的配列が除去される。[Chalker, D. L., Meyer, E., Mochizuki, K.: *Cold Spring Harb. Perspect Biol.*, 5 (12), a017764, 2013, doi: 10.1101/cshperspect.a017764, Fig. 7 より改変]

6.2 scnRNAモデルの提唱

　このプロセスを接合過程の時期に対応させると、(a) は第一減数分裂のときに起きます。したがって、(a) 〜 (d) までは接合過程の前半で生じます。新しい大核の分化は接合の後半、すなわち26℃で相補的接合対を混ぜてから8時間以降に起きます。

　また、scnRNAの量は重要です。小核でのscnRNAの合成量が多すぎると、(d) のステップで古い大核に入り、RNAと相補的なscnRNAがハイブリダイズして相補的なscnRNAは分解されますが、多すぎてRNAと相補的なscnRNAが余るようなことが起きると大変です。そこで、余ったscnRNAが分化中の大核に入ったときには必要な部分にもハイブリダイズして、すべてのDNAが除去されてしまうのです。

　小核でのscnRNAの量が少なすぎると、(d) のステップで、RNAと相補的なscnRNAはすべてハイブリダイズして分解されてしまいます。ハイブリダイズしなかったscnRNAは、(e) で新しい大核に移動します。(f) のステップで、新しい大核の転写されたばかりのRNAの小核特異的配列すべてにscnRNAがハイブリダイズしなければなりません。しかし、scnRNA量が少ないと、小核特異的配列すべてにハイブリダイズできないため、小核特異的配列の除去が完了しなくなってしまいます。

　scnRNAの量はどのように制御されているのでしょうか。望月は、重要なことを発見しました。それは前期scnRNAと後期scnRNAが協調して、小核特異的配列を切り出すということです（図6.5）[6]。前期scnRNAが分化中の新しい大核の小核特異的配列にハイブリダイズすると、それが引き金となり、後期

第6章 遺伝子をスキャンするRNA

scnRNAが新しい大核から転写され、前期scnRNAと後期scnRNAが協調して小核異的配列を切り出すのです。前期scnRNAの量が少なくても、十分な後期scnRNAがつくられるため、小核特異的配列はすべて除去されるのです。したがって、scnRNA合成のタイミングとscnRNAの量が、小核特異的配列

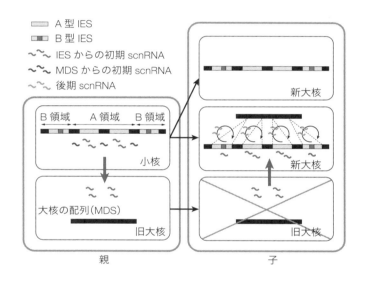

図6.5 初期scnRNAと後期scnRNAによるDNA除去の調節
小核で合成された初期scnRNAは古い大核に移動して、大核DNAと相補的な初期scnRNAは分解される。小核特異的配列（A型IESとB型IES）に相補的な初期scnRNAは分化中の新しい大核に移動して、小核特異的配列とハイブリダイズする。このハイブリダイズが、後期scnRNAの転写の引き金となる。初期scnRNAと後期scnRNAが協同して、小核特異的配列の切り出しを行なう。[Noto, T., Mochizuki, K.：*Open Biol.*, **7** (10), 2017, Fig. 2より改変]

6.3 DNA再編成のしくみ

の切り出しには重要であることがわかりました。

テトラヒメナのIESの除去には、RNAが重要な役割を担っていますが、*Oxytricha nova*の大核の分化過程にみられた遺伝子の再編成のしくみはどうなっているのでしょうか。2008年にランドウェーバー（L. F. Landweber）らが、*Oxytricha nova*のDNA再編成にRNAが関与していることを明らかにしました（図6.6）[7,8]。興味深いことに、*Oxytricha nova*の大核DNAには「ナノ染色体（nanochromosome）」とよばれる短いDNA断片が多数存在し、1本のナノ染色体に1遺伝子がのっています。古い大核の中でナノ染色体全体に対応するRNAが転写され、分化途中の新しい大核に移行します。新しい大核では、小核由来の染色体が存在し、古い大核由来のRNAは相補的な小核DNAとハイブリダイズして、DNA再編成のガイドとなります。このとき、エクソンの入れ替えや回転が起こり、新しい大核ゲノムが完成します。そして、DNAの増幅が起き、新しい大核が完成するのです。

テトラヒメナのDNA再編成では、短いscnRNAが大核ゲノムをスキャンして、小核特異的配列にマークをつけ、ヘテロクロマチン化を促進して、小核特異的配列の除去に一役買っていました。一方、*Oxytricha*のDNA再編成では、1遺伝子よりも長いRNAが転写され、小核遺伝子のエクソンの順番を変え、さらにはエクソンの向きを変えて、大核遺伝子への再編成にはたらいていました。長さはちがいますが、どちらの生物でも非

第6章　遺伝子をスキャンするRNA

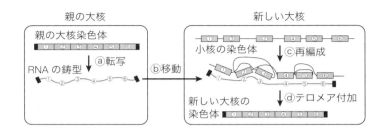

図6.6　RNAが仲介するゲノム再編成
a：親の大核からRNAの鋳型が転写され、両端にテロメアが結合する。b：転写されたRNAが、新しく分化している大核に移動する。c：新しい大核に移行したRNAは、対応する小核DNA〔1-3-2-4-5(逆さま)-6〕の再編成のガイドとなる。再編成の過程で2と3は入れ替わり、5は回転する。d：1-2-3-4-5-6が切り出され、両端にテロメアが結合して、DNA増幅が生じる。〔Nowacki, M., Vijayan, V., Zhou, Y., Schotanus, K., Doak, T. G., Landweber, L. F.：*Nature*, **451** (7175), 153-158, 2008, Fig. 5より改変〕

翻訳RNAが重要な役割を担っていました。こんなはたらきをするRNAの存在は、学界に驚きをもって迎えられました。テトラヒメナや*Oxytricha*以外の繊毛虫でも、大核分化過程ではDNA再編成が起きています。したがって、奇妙なはたらきをする非翻訳RNAの存在は、まだまだたくさん見つかる可能性が高いと思われます。繊毛虫では、なんでこんな複雑なことをしてまで、小核から大核をつくりだしているのか、まったく不思議です。

コラム 6

ヒトのscnRNA？

　哺乳類の性染色体は、雄はXY、雌はXXです。雌ではX染色体の遺伝子が、雄の2倍です。X染色体には1,000個ほどの遺伝子があり、生存に不可欠な遺伝子も存在します。そのため、雌雄間でX染色体の遺伝子量（転写量）の差を補正しなければなりません。そのしくみが「X染色体不活性化」です。雌はX染色体のうちの1本を不活性化し、機能するX染色体を雄と同じ1本にしています。不活性化されたX染色体を「不活性X染色体」とよびます。

　不活性X染色体上にある*Xist*遺伝子が転写する非翻訳RNAであるXist RNAが、X染色体を包み込み、エピジェネティクス修飾因子を呼び込み、ヘテロクロマチン化を誘導します。それらのエピジェネティクス修飾因子には、ポリコーム複合体、PRC1とPRC2があります。両者とも酵素活性をもち、クロマチンを構成するヒストンを化学修飾して、遺伝子発現を抑制します。たとえば、ヒストンH3の27番目のリジンのメチル化がX染色体の不活性化を誘導します。

　X染色体不活性化のしくみは、以下のように整理できます。①非翻訳RNA Xist RNAの転写、②エピジェネティクス修飾因子のリクルート、③ヒストンの化学修飾、④ヘテロクロマチン化、⑤遺伝子発現低下。

　一方、scnRNAによる介在配列の切り出しは、以下のようにまとめられます。①非翻訳RNA scnRNAの転写、②エピジェネティクス修飾因子のリクルート、③ヒストンの化学修飾、④ヘテロクロマチン化、⑤ヘテロクロマチン化

したDNAの切り出し。

　両者を比較してください。最後のステップがちがうだけです。切り出すか、切り出さないか、のちがいです。このように、非翻訳RNAによる遺伝子の制御は、生物界に普遍的な現象なのかもしれません。

第7章

テトラヒメナの7つの性を司る DNA再編成の発見

7.1 オリアス夫妻との出会い

　第1章で、テトラヒメナに7つの性があることと、大学院でこの7つの性の実体解明という研究テーマをもらったオリアス (Eduardo Olias) が、60年近くこの問題に挑戦したことを紹介しました。1983年7月に仙台で開かれた第1回アジア繊毛虫会議で私は初めてオリアス夫妻 (E. Olias, Judy Olias) にお会いし、彼らの*Science*誌に掲載決定済みの研究の話を、塩釜から松島へ向かう遊覧船の上でお聞きしました。ご夫妻は松島の景色には目を向けず、自分たちが発見した世にも不思議な物語をおもしろおかしく話してくれました。それは、移動核が相手側の細胞に移動するとき、どのようにして接合対のあいだの2枚の細胞膜を通り抜けるのかという話です[1]。

　ジュディが撮影した電子顕微鏡写真では、接合面に接近した移動核の後ろに微小管からなるメッシュワークが出現し、これが移動核の後方でバスケット状になり、包み込んだ移動核を相手側の細胞に押しやっているのです。この微小管のバスケット

構造を、彼らは「受精バスケット（fertilization basket）」と名づけました。私は受精バスケットがどのようにして移動核を押すのか、を彼らに質問しました。答えは、ダイニンのようなモータータンパク質による微小管の滑り運動で、移動核を押し出すのだといいます。

　では、接合面の細胞膜には窓が開いているのかと質問しましたら、まだ投稿していない電子顕微鏡写真を見せてくれました。それは移動核に押されている細胞膜の写真で、そこには大きなスリットが開いていました。そのスリットをするりと抜けて、移動核は相手側の細胞に入るのだそうです。百聞は一見に如かずとはよくいったもので、一目瞭然でえらく感動した私でした。

　それまで、テトラヒメナにアクチンが存在するか否かを生化学的な手法で追っていた私は、現象を可視化する彼らの研究手法にえらくほれ込んでしまったのです。その後、国際学会などで彼らに会うたびに「オサムの研究はどうなっている？」といつも声をかけてくれ、熱心に私の話に耳を傾けてくれました。

　1991年、カルフォルニア州アシロマ（Asilomar）で開かれた第4回国際繊毛虫分子生物学会議のときは、廣野雅文（現法政大学教授）と武政徹（現筑波大学教授）両君とオリアス先生のお宅に泊めていただき、カリフォルニア大学サンタバーバラ校の先生の研究室を見学しました。ちょうどその日が、大学の卒業式で、飛び入りでの見学でした。ラグーンに向かう芝生のゆるやかな斜面に卒業式の会場が設営されており、ガウンと四角い帽子をかぶった卒業生が卒業証書を授与されている光景は日本と同じでした。学業優秀な学生ばかりではなく、社会活動、スポーツなどでも優秀な成果をあげた学生たちにいろいろな賞

が授与され、賞の多さに驚いたものでした。調子にのって、卒業生の家族のお祝いパーティに出席したのもよい経験でした。

7.2 テトラヒメナの7つの性

このオリアス先生がライフワークとして挑戦したのが、テトラヒメナの7つの性の問題でした。テトラヒメナの場合は、性というよりも、接合型といったほうがわかりやすいと思います。テトラヒメナには7つの接合型があり、接合型ⅠとⅡの子孫には、接合型Ⅰ～Ⅶのすべてが出現します。この現象を、遺伝学的にどのように説明したらよいのでしょうか。これは、メンデルの遺伝の法則に従っているとはとても考えられません。こんな奇妙な現象を目の前にして、多くの遺伝学者が接合型の遺伝のしくみの解明に執念を燃やしました。しかし、この難問を解決することは容易ではありませんでした。この問題に60年近く挑戦しつづけたオリアス先生が、2013年についに解決の糸口を見つけました。

ここに到達するまでのオリアス先生の努力は、並大抵なものではありませんでした。オリアス先生は、テトラヒメナの研究者仲間の総力をあげての事業を開始したのです。NIH（米国国立衛生研究所）とNSF（全米科学財団）から資金援助を受け、2006年にテトラヒメナの大核遺伝子の全塩基配列の解読を完成させたのです（http://ciliate.org/index.php/home/welcome）[2]。さらに、2011年には、テトラヒメナの遺伝子発現データベース「TGED」(Tetrahymena Gene Expression Database；http://tfgd.ihb.ac.cn/)[3] が開設され、誰でも自由にデータベースを使うこ

とができるようになり、テトラヒメナを用いた研究は格段にスピードアップしました。

　ジュディ・オリアスがあるとき、私におもしろい話をしてくれました。「NIHとNSFから研究資金を獲得するとき、2つの生物に予算がつけられたのよ。オサム、1つはテトラヒメナだけど、もう1つは何だと思う。チンパンジーなの。チンパンジーの全ゲノム解読はヒト全ゲノムとの比較というわかりやすい目的があるけど、水の中をちょろちょろ泳いでいるテトラヒメナの全ゲノム解読に予算がつけられたことはミラクルよ」。かたわらでこの話を聞いていたオリアス先生はうれしそうにニヤニヤ笑っていました。このミラクルの実現は、オリアス先生の熱意と、テトラヒメナ・コミュニティの団結力の賜物だと思います。

7.3 接合型に関与する遺伝子

　準備万端整った状況で、オリアス先生たちは、接合型Ⅰを欠失した突然変異体を使って実験を開始しました。接合型Ⅴと接合型Ⅵの細胞を用いて、飢餓状態に置いて接合を誘導させたときのRNA発現パターンを比較した結果、増殖期には発現せず、飢餓状態に置いたときのみに発現する2対の遺伝子を同定することに成功しました（図7.1）[4]。これらの遺伝子を「*MTA*遺伝子、*MTB*遺伝子」と命名しました。接合型Ⅵの場合は、*MTA6*と*MTB6*です。*MTA6*と*MTB6*は近傍に存在し、3′ *MTA6* 5′と5′ *MTB6* 3′というように5′側の先頭部分が近接した形で並んでいることがわかりました。また、*MTA6*と*MTB6*の

7.3 接合型に関与する遺伝子

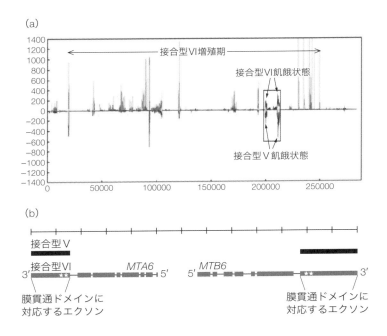

図7.1 発現しているRNA配列の比較による接合型遺伝子の同定
(a) 大核遺伝子300 kb領域の接合型V細胞と接合型VI細胞のRNA発現パターンの比較。四角で囲んだ部分で発現しているRNAは飢餓状態のときだけ発現しているので、接合型遺伝子である可能性が高い。(b) この遺伝子をクローニングして、接合型VIでは全塩基配列を決定し、接合型Vでは部分的に塩基配列を決定した。太い部分はエクソンを、細い部分はイントロンを示す。3'側のエクソンには膜貫通ドメインがコードされていた。特筆すべきことは、膜貫通ドメインの塩基配列が類似していたことである。この類似が、接合型遺伝子の選択に一役買うのである。[Cervantes, *et al.*: *PLoS Biol.*, **11** (3), e1001518, 2013, Fig. 1 より改変]

第7章 テトラヒメナの7つの性を司るDNA再編成の発見

3′末端には膜貫通ドメインがありました。

次に、接合型遺伝子 *MTA6* と *MTB6* を用いて、6つの接合型細胞の小核遺伝子と大核遺伝子の比較を行なった結果、おもしろいことが明らかになりました。小核遺伝子には6組の *MTA* 遺伝子と *MTB* 遺伝子が存在しますが、大核遺伝子には1組の *MTA* 遺伝子と *MTB* 遺伝子だけしか存在しなかったのです（**図7.2**）。この結果は、接合の大核分化の過程で一組の接合型遺伝子が選択されることを意味します。テトラヒメナでは、大核分化の過程で遺伝子の15％が捨てられますが、同時に接合型遺伝子の選択が起きていたのです。

接合型の遺伝子の選択に関して、セルバンテス（M. D. Cervantes）は、分子内相同組換えによって、一組の接合型遺伝子対が選択されるモデルを提唱しています（**図7.3**）[4]。分子

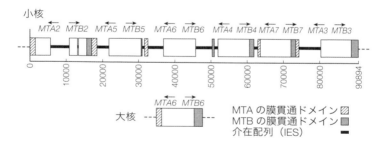

図7.2 小核の接合型遺伝子部位には6組の接合型遺伝子が存在する
91 kbの限られたDNA上に接合型遺伝子対が、5′側を内側に、膜貫通ドメインを外側にして、2, 5, 6, 4, 7, 3の順番で並んでいた。6種類の接合型細胞のどの小核にも6組の接合型遺伝子が存在した。一方、接合型6の細胞の大核遺伝子には、*MTA6* 遺伝子と *MTB6* 遺伝子だけしか存在しなかった。他の接合型の大核遺伝子には特定の接合型遺伝子しか存在しなかった。
[Cervantes, *et al*.: *PLoS Biol*., 11 (3), e1001518, 2013, Fig. 3より改変]

88

7.3 接合型に関与する遺伝子

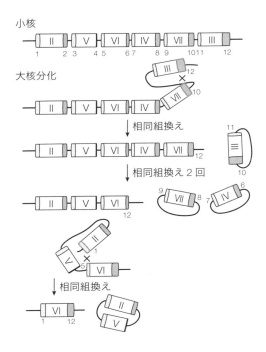

図7.3 大核分化の過程で相同組換えが単一の接合型遺伝子対を選択するモデル
小核の連続した接合型遺伝子配列の両端で、分子内相同組換えが起こる。左端の接合型遺伝子対IIとVの場合は、膜貫通配列1と相同な5のあいだで分子内相同組換えが起き、接合型遺伝子対IIとVはループアウトする。一方、右端の接合型遺伝子対IIIの場合は、膜貫通配列12と相同な10のあいだで分子内相同組換えが起き、接合型遺伝子対IIIはループアウトする。このように、任意の数の接合型遺伝子対を単一相同組換えで切除することができ、単一の接合型遺伝子対が残るまで相同組換えをくり返し、その時点でプロセスは停止する。［Cervantes, *et al.*: *PLoS Biol.*, **11** (3), e1001518, 2013, Fig. 7 より改変］

第7章　テトラヒメナの7つの性を司るDNA再編成の発見

内相同組み換えは、接合型遺伝子対の両端にある類似した塩基配列の膜貫通ドメインを介して生じると想定しています。

7.4　新たな課題

　次の課題は、*MTA*遺伝子と*MTB*遺伝子の産物であるMTAタンパク質とMTBタンパク質が、どのようにして異なる接合型細胞を認識するのかということです。自分と同じ細胞と異なる細胞を区別するしくみは、免疫現象の自己・非自己の認識機構とも関係する可能性があります。自己・非自己の認識機構は、生物学におけるとても重要な研究課題です。テトラヒメナは研究者に、自己・非自己認識機構の解明のヒントを与えてくれるかもしれません。テトラヒメナは本当にすばらしいチャンスを私たち研究者に与えてくれる生物です。

第 8 章

テトラヒメナの研究の歴史
―― モデル生物への歩み ――

8.1 テトラヒメナ研究の先駆け

Tetrahymena pyriformis は1830年にEhrenbergによって記載されました。この*T. pyriformis*には大核と小核があり、接合をする株*T. pyriformis, syngen* 1と、接合しない株が存在しました。1976年にNannyとMcCoyは、*T. pyriformis, syngen* 1を*T. pyriformis*から独立させて、新たに*Tetrahymena thermophila*と名づけました。大核のみをもち、接合しない株は、従来どおり*T. pyriformis*とよぶことにしました[1]。

テトラヒメナの研究の歴史をひも解くと、まずあげなければならないのは1889年に出版された、Maupasによる接合の研究です。彼は、飢餓状態が接合を誘導することを見つけ、接合過程における核の変化を発見しました[2]。Maupasの接合の研究は130年前の研究ですが、その精度は高く、先人の努力に頭が下がる思いがします。

8.2 無菌大量培養法の確立

テトラヒメナが実験材料として飛躍的に成功した第一の理由は、Lwoffによるテトラヒメナの無菌培養法の確立[3]と、KidderとDeweyによる完全合成培地による無菌大量培養法の確立[4]です。実験材料としてテトラヒメナと同じようによく使われるゾウリムシは、無菌的に大量培養することが困難です。生化学的な研究をするためには、細菌を含む培地で培養しなければならないゾウリムシよりも、無菌大量培養が可能なテトラヒメナのほうが適しています。1972年に翻訳書が出版されたDonarud L. Hill著、三田隆訳の『テトラヒメナの生理・生化学』を読むと、テトラヒメナを用いて広範な生化学的研究がなされていることがわかります。1972年当時でも、解糖系、クエン酸回路、脂質代謝、エネルギー代謝、プリン・ピリミジンと核酸代謝、ビタミン産生、そしてタンパク質合成など、研究論文の量は膨大であることがわかります。テトラヒメナは原生生物のなかでも最もよく研究されている生物だということがわかります。それも、無菌大量培養法の賜物だと思います。

現在、私の研究室で行なっているテトラヒメナの無菌大量培養法を紹介します[5]。培養液はPYD培地を使用し、その組成は、1％（W/V；重量／体積）プロテオースペプトンNo.3、0.5％酵母エキス、0.87％デキストロースです。これらを蒸留水に溶かし、濾紙（東洋濾紙、フィルターNo.1）で濾過したのち、濾液を培養びんに入れて綿栓をし、高圧滅菌機で120℃で20分間、滅菌（圧力は15 psi）します。培養びんは図8.1に示すように、試験管、50mlの三角フラスコ（Erlenmyer flask）、300mlの三

8.2 無菌大量培養法の確立

図8.1　テトラヒメナ用の培養びん
左から、シリコン製ダブルキャップをした試験管と50 mlの三角フラスコ、綿栓をして硫酸紙をかぶせ輪ゴムで止めた300 mlの三角フラスコ、3リットルのフレンチフラスコ。

角フラスコ、3リットルのフレンチフラスコ（French flask）などを使います。試験管には3 ml、50 mlの三角フラスコには10 mlの培地を入れて、シリコンのダブルキャップで栓をして滅菌します。300 mlの三角フラスコには50 ml、3リットルのフレンチフラスコには500 mlの培地を入れ、綿栓をして滅菌します。300 mlの三角フラスコは、おもに植え継ぎ用のテトラヒメナの培養に使い、3リットルのフレンチフラスコは大量培養用に使います。

　テトラヒメナを植え込むとき、試験管と50 mlの三角フラスコの場合は、滅菌したディスポーザブル注射筒でテトラヒメナ細胞を植え込みます。300 mlの三角フラスコと、3リットルのフレンチフラスコの場合は、クリーンベンチ内で、植え継ぎ用のテトラヒメナ培養液を植え込みます。

　植え継いだ培養びんは、26℃で振盪培養すると、テトラヒメナは約3時間で1回分裂します（図8.2）。細胞を植え込んで3日間で、細胞は増殖を止めて定常期に達します。定常期では、

93

第8章 テトラヒメナの研究の歴史

図8.2 テトラヒメナの振盪培養
左側は、ウォーターバスで温度を26℃にして、テトラヒメナを振盪培養している。右側は、培養室全体を26℃にして、その中で大型の振盪培養機（振幅回数60回／分、振幅幅4cm）を振盪して、テトラヒメナを大量培養している。

細胞数は約 6×10^6 細胞/mlになります。生化学的実験を行なうために十分な細胞数が、短時間でかつ廉価に得ることができるのが、テトラヒメナの利点の一つです。

8.3 同調培養法の確立

テトラヒメナが実験材料として飛躍的に成功した第二の理由は、Scherbaum と Zeuthen が、温度処理によって T. piriformis の細胞分裂同調法を確立したことです[6]。細胞分裂の同調化が可能になったことで、細胞周期や細胞分裂の研究や表層パターン形成の研究が飛躍的に進展しました。

T. piriformis W株の増殖の至適温度は26℃です。この細胞を30分ずつ34℃と26℃に交互に置く温度処理を8回くり返してから26℃に戻すと、75分後に85～90％の同調率で細胞分裂を起こします（図8.3）。

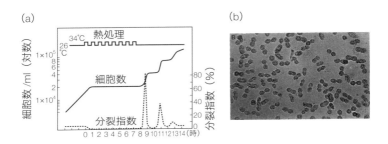

図8.3 *T. piriformis* W株の温度処理による細胞分裂同調化
(a) 30分おきに34°Cの温度処理をすると、8回目の34°C処理後、75分後に90%近い細胞が一斉に同調して、細胞分裂をひき起こす[7]。(b) 同調分裂細胞の顕微鏡写真。

　この75分のあいだにタンパク質合成阻害剤を処理しておくと、ある時期（臨界点）を過ぎると正常に細胞分裂が誘導されますが、臨界点の前に与えると細胞分裂は誘導されません。この結果は、細胞分裂を誘導する分裂に必須なタンパク質（分裂タンパク質；division protein）の存在と、臨界点後は十分な分裂タンパク質が形成されていることを示します[8]。また、温度処理によって、*T. piriformis* W株の細胞分裂が誘導されることは、この分裂タンパク質が温度不安定性をもつタンパク質であることを示します。もし、分裂タンパク質が温度安定性をもつならば、温度処理による細胞分裂の同調化は誘導できないでしょう。
　この分裂タンパク質の精製は渡邉と池田によって試みられ、1965年に分裂タンパク質の候補となるタンパク質が発見されました[9]。この話には後日談があります。テトラヒメナから細胞周期調節タンパク質であるサイクリンを精製分離した結果、サイクリンが温度感受性をもつことがわかりました。

WilliamsとMaceyは、RasmussenとZeuthenがその存在を予言し、渡邉と池田が精製した分裂タンパク質はサイクリンであると結論しました[10]。Tim Huntらのウニ卵からのサイクリンの発見[11]は1989年でしたので、それに先立つこと24年です。T. HuntはL. M. HartwellとP. M. Nurseとともに「細胞周期における主要な制御因子の発見」で2001年にノーベル生理医学賞を受賞しています。*T. piriformis*の分裂タンパク質の研究が順調に発展していればノーベル賞も夢ではなかったのにと思うと、残念で仕方ありません。ちなみに、渡邉は私の恩師の渡邉良雄先生です。

8.4 テトラヒメナの生物学への貢献

その後の、テトラヒメナ研究の成果を年代順に表8.1にまとめました。ここで特筆すべきことは、1989年のCech、そして2009年のGreiderとBlackburnのノーベル賞受賞です。私は、Allisの転写調節因子としてのヒストンアセチル基転移酵素の発見や、望月によるscnRNAの発見も、ノーベル賞候補になるのではと期待しています。

8.5 モデル生物としてのテトラヒメナの利点

私の恩師、渡邉良雄先生は常日頃、テトラヒメナの研究材料としての利点を強調されていました。弟子たちにとっては、耳ダコになるくらい何度も何度も聞かされたものです。先生曰く、「簡単に無菌大量培養が可能」「温度処理だけで細胞分裂の同調

8.5 モデル生物としてのテトラヒメナの利点

表8.1 テトラヒメナ研究の歴史

年	できごと
1965	<u>Gibbons</u>による、テトラヒメナ繊毛からの微小管モータータンパク質ダイニンの発見
1978	<u>Blackburn</u>による、染色体末端構造テロメアの発見
1982	<u>Cech</u>による、リボザイムの発見
1985	<u>Greider</u>と<u>Blackburn</u>による、テロメラーゼの発見
1989	<u>Greider</u>と<u>Blackburn</u>による、テロメアRNAの発見
1989	Cechがリボザイムの発見でノーベル化学賞を受賞
1996	<u>Allis</u>による、転写調節因子としてのヒストンアセチル基転移酵素の発見
1996	Gorovskyによる、生体内でのヒストンH1の機能の解明[12]
1999	AllisとGorovskyによる、ヒストンH3とH1のリン酸化の発見[13, 14]
2000	Gaertigによる、チューブリンの翻訳後修飾の発見[15]
2002	<u>望月</u>による、scnRNAの発見
2006	テトラヒメナの大核遺伝子の全塩基配列の解読（http://ciliate.org/index.php/home/welcome）
2009	GreiderとBlackburnがノーベル生理医学賞を受賞
2011	テトラヒメナの遺伝子発現データベースTGEDの開設（http://tfgd.ihb.ac.cn/）
2013	<u>Cervantes</u>と<u>Orias</u>による、接合型決定機構の解明
2016	テトラヒメナの小核遺伝子の全塩基配列の解読[16]

注：下線は本書で紹介したもの。

第8章 テトラヒメナの研究の歴史

化が可能」「突然変異体をつくることが可能」であることです。現在はこれに加えて「大核遺伝子と小核遺伝子の全塩基配列データベースと遺伝子発現データベースが公開されている」「遺伝子導入技術と遺伝子改変技術が確立している」ことです。

とくに、最後の技術革新には目を見張るものがあります。10年ほど前は、遺伝子の破壊や改変のために、それらの技術をもった米国の研究室に大学院生を派遣して、半年ほどお世話になったものです。しかし、技術の進歩のおかげで、今では卒業研究生が遺伝子の破壊や改変をルーチンワークで行なっています。遺伝子破壊実験や遺伝子改変実験は、クリアカットな結果をもたらします。そのおかげで、明快な結論を得ることができます。推測（speculation）や示唆（suggestion）ばかりだった考察が、切れ味のよいものになりました。考察で自信をもって結論（conclusion）を書けることほど、研究者冥利に尽きるものはありません。

ということで、晴れてテトラヒメナもモデル生物の仲間入りをしたわけですが、ここに頭の痛い問題が出現しました。それは研究費の問題です。日本では、国公私立大学の教員や国関係の研究所の研究者は、大学や研究所からの研究資金だけでは研究ができない状況です。そのため、文部科学省の科学研究費を獲得しなければなりません。莫大な財政赤字を有するこの国では、科学研究費の獲得競争は激烈なものがあります。生命科学の分野で優先されるのはヒトの役に立つ研究です。テトラヒメナの研究では、なかなか科学研究費は獲得できません。

日本の学会で研究者仲間と談笑していると、よく言われることは「沼田さんはよくテトラヒメナを材料にして研究費を獲得

できるね」とか、「テトラヒメナの研究でよく今までもったね」とかです。私は研究者として生き残るために並々ならぬ努力をしてきました。それが当たり前だと思ってきたのです。ヒトの病気やヒトの健康につながる研究は、研究資金の獲得がテトラヒメナの研究よりも格段に容易なことはまちがいありません。

テトラヒメナを用いた研究では、Allisのヒストンの化学修飾が遺伝子発現を調節するという発見や、望月のscnRNAの発見は、これからますます注目されると思います。ヒストンの化学修飾による遺伝子発現の調節は、発生分化やヒトのがん化に直接つながるエピジェネティクスの中心課題です。研究費も潤沢に投入され、国内外で多くの研究者が切磋琢磨しています。また、scnRNAのような非翻訳RNAの機能の研究は、これからの成長株です。非翻訳RNAも発生分化の制御やヒトの病気、がん化などに関与している可能性が大です。まさにアップツーデートの研究課題です。

8.6 これからのテトラヒメナ研究

これからのテトラヒメナの研究について考えてみましょう。本書で紹介したトピックスの数々は、2つのグループに分けることができます。第1のグループは以下の3つです。

① Gibbonsによる、テトラヒメナ繊毛からの微小管モータータンパク質ダイニンの発見
② Blackburnによる、染色体末端構造テロメアの発見
③ Cechによる、リボザイムの発見

第8章　テトラヒメナの研究の歴史

　これらは、当時世界中の研究者が競争していた研究課題、「繊毛・鞭毛運動を担うモータータンパク質の発見」、「染色体（DNA）の末端構造の解明」、「イントロンを切り出すスプライシング機構の解明」をめざして彼らが最適の研究材料を探した結果、テトラヒメナを選び、目的を達成することができました。これらの研究テーマは生物学の普遍的な問題でした。
　一方、第2のグループは以下の3つです。
　① Allis による、転写調節因子としてのヒストンアセチル基転移酵素の発見
　②望月による、scnRNAの発見
　③ CervantesとOriasによる、接合型決定機構の解明
　これらは、長年多くの研究者がその実体を明らかにしようと努力してきたテトラヒメナの特徴的な性質を、努力と洞察力と粘りで明らかにしたものです。「遺伝子発現をする大核としない小核のちがい」を追究することがエピジェネティクスに革新をもたらす発見につながったAllisの研究は、テトラヒメナ固有の現象から、生物界の普遍的な現象に解決の糸口を与えたことで、画期的な研究だと思います。②と③は「大核分化の過程でみられるDNA再編成」にかかわる発見です。非翻訳RNAの奇妙なはたらきを解明した望月のscnRNAの発見は、「X染色体不活性化」にも関係しており、これから大きく展開する可能性があります。また、接合型決定機構にも、非翻訳RNAが一役買っている可能性があります。非翻訳RNAの研究は、まさにアップツーデートな研究テーマだと思います。
　テトラヒメナの特徴的な現象の解明が、生物界の普遍的な現象に結びついた点で、これらの研究は「セレンディピティ

(serendipity)」といえるのではないかと思います。Allisや望月の研究は、まさに「何かを探していたら、探しているものとは別のもっともっと大きな価値あるものを（偶然）見つけること」であるのではないでしょうか。しかし、偶然というのはちがいます。彼らは、よく考え、よく観察する「準備する心(the prepared mind)」をつねに大切にしていたと思います。

　私は、これからのテトラヒメナの研究は、第2のグループのような研究にチャンスがあるように思います。世界中の研究者がしのぎを削っている研究課題で勝負するのは、現在のような情報化社会、組織力と資金力がものをいう社会ではかなり困難だと思います。テトラヒメナ独特の現象の研究から、生物界に普遍的な原理を明らかにすることは、まだまだ十分に可能性があります。それだけ、テトラヒメナは魅力的な生物です。

8.7　私が考える可能性

(1) テトラヒメナの微小管の多様性を担うしくみ

　テトラヒメナの表面には繊毛が列をつくってたくさん生えています。この列を「繊毛列」とよびます。繊毛の中には、微小管が構成する9+2構造からなる軸糸があります。繊毛の根元には、9+0構造の基底小体があります。基底小体の左側に、微小管が横一列にリボン状に並んだlongitudinal微小管バンドが伸びています。longitudinal微小管バンドは繊毛列に沿って、細胞の先端から後端までつながっています。longitudinal微小管バンドは、地球儀の経線に相当します。基底小体と基底小体を結ぶように、transverse 微小管バンドが並んでいます。こ

れも、微小管が横一列にリボン状に並んだもので、こちらは地球儀の緯線に相当します。基底小体の斜め後ろにはpostciliary微小管バンドが存在します。テトラヒメナの前方にある口部装置では、基底小体が密に4列に並び、それらの基底小体から生えた繊毛が4列の膜を形成するように並んでいます。口部装置から細胞質内に向かって微小管からなるdeep fiberが伸びています。小核が分裂するときは、小核内に紡錘体が形成されます。大核が分裂するときには、大核内に多数の微小管が出現します。

　テトラヒメナではこのように多様な微小管構造があります。これを、次のように6つに分けます。①繊毛内微小管、②基底小体微小管、③細胞表層微小管、④細胞質微小管、⑤小核内微小管、⑥大核内微小管。細胞質のリボソームで合成されたチューブリンは、これら6種類の微小管を形成します。どのようにして、チューブリンはこれら6つの微小管に向かって移動するのでしょうか。2000年から、J. Gaertigは、チューブリンの翻訳後修飾によって、チューブリンの行き先が決まると考え、「tubulin code仮説」を提唱しています[16]。多様な微小管が存在するテトラヒメナだからこそ、このような研究ができるわけです。われわれの細胞でも、微小管は、細胞質、繊毛、鞭毛、一次繊毛、紡錘体、さらに神経細胞ではこれに加えて、樹状突起、軸索に存在します。チューブリンの局在の決定が、チューブリンの翻訳後修飾によるのであれば、これも普遍的なしくみである可能性があります。

(2) タンパク質量の恒常性維持
　エピジェネティクスでは遺伝子発現のタイミングに重点が置

かれていますが、遺伝子の発現量調節も重要な研究課題です。筋肉細胞では、アクチン遺伝子とミオシン遺伝子の発現量が最も高く、持続的に発現しています。リボソームでつくられたミオシンとアクチンは、それぞれサルコメアの太い繊維と細い繊維の形成に使われます。ミオシンとアクチンの合成量はつねに一定で、そのバランスは維持されています。では、どのようにしてこのバランス（恒常性維持あるいはホメオスタシス）は維持されるのでしょうか。タンパク質合成の量的調節に関しては、十分な情報がありません。

テトラヒメナで興味深い報告があります。テトラヒメナをアクチン重合阻害剤であるラトランキュリンAで処理すると、他の細胞と同じように、アクチン繊維がかかわるはたらきが阻害されます。テトラヒメナでは、口部装置でみられる食胞形成が阻害されます。しかし、2時間も経つと、食胞形成は回復します。テトラヒメナはラトランキュリンA耐性能を獲得したのです[17]。テトラヒメナにとって、アクチンは不可欠です。食胞がつくれなければ、餌がとれずに餓死してしまいます。ラトランキュリンAによって阻害されたアクチンのはたらきを回復するしくみ、「アクチン恒常性維持（ホメオスタシス）」機構をテトラヒメナはもっているようです。私たちは、この「アクチンホメオスタシス」のしくみを、テトラヒメナを使って研究しています。アクチンホメオスタシスは生物にとって普遍的であると考えていますので、大きな成果があげられると期待しています。

(3) 細胞質分裂機構

細胞は分裂して増殖します。細胞分裂は、染色体を娘細胞に

分配する「核分裂」と、細胞質が二分する「細胞質分裂」の2つのステップからなります。細胞質分裂は、植物細胞では隔壁の形成により進行します。動物細胞では、アクチンとミオシンから構成される収縮環の収縮で進行します。酵母菌や粘菌でも、収縮環の収縮で進行します。テトラヒメナにも収縮環構造があり（**図8.4**）、アクチンが存在することはわかっていますが、ミオシンの存在は不明です。このアクチンの遺伝子を破壊しても、細胞質分裂には異常が生じないことがわかりました[18]。また、アクチン重合阻害剤であるラトランキュリンAで処理しても、細胞質分裂は正常に進行します[19]。この結果から、テトラヒメナの収縮環には、アクチン以外の収縮環収縮にかかわるタンパク質が存在し、細胞質分裂を起こすと考えられます。

　細胞質分裂の研究では、動物細胞や粘菌や酵母が使われており、原生生物ではテトラヒメナやトリパノゾーマなどを除くと、ほとんど情報がありません。植物と動物では上記のようなちがいがあるので、どうも細胞質分裂のしくみは生物界あるいは生物門ごとに大きく異なる可能性があります。まさに多様なしくみが存在するかもしれません。細胞の増殖に不可欠なしくみにもかかわらず、細胞質分裂に多様性があることは本当に不思議です。ということで、テトラヒメナにおける収縮環の収縮にかかわる新奇タンパク質の探索は、とても興味深い研究課題です。この問題もぜひわれわれが解明したいものと考え、研究を進めています。

8.7 私が考える可能性

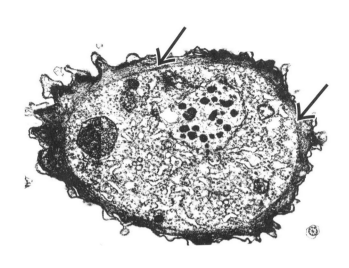

図8.4 テトラヒメナの収縮環
分裂溝の断面図、細胞膜直下に、細い繊維からなる収縮環（矢印）が観察できる。

おわりに

　この本を書きながら、私の43年の研究生活を振り返りました。私が海外の国際会議に初めて参加したのは、1985年に上海の華東師範大学で開かれた第2回アジア繊毛虫会議でした。そこで、Jacek Gaertigと知り合いになりました。彼はポーランドのワルシャワから、シベリア鉄道を乗り継いで上海に来ていました。学生のためお金がなかったのですが、Jacekのテトラヒメナへの情熱には感動しました。1989年のニューハンプシャー州で開かれた第3回国際繊毛虫分子生物学会議では、歌うようにテロメアの話をするBlackburnの発表に感動しました。そこでは、ヒストンを研究していたAllisとも知り合いになりました。この3人は、とくに印象深い研究者でした。Blackburnはその後、ノーベル賞をとり、Allisは偉大な生物学者になりました。Jacekとはいくつか共同研究を行ない、共著論文を書きました。また、Jacekの研究室に学生を派遣して、テトラヒメナの遺伝子導入に関する技術を指導していただき、たいへんお世話になりました。テトラヒメナの国際的な仲間たちは、みな親切で優しいのです。

　テトラヒメナの研究者仲間は、世界でも200名足らずです。2017年の生物分野の論文数を調べてみると、テトラヒメナを使った論文は103報でした。代表的なモデル生物である線虫、酵母、ショウジョウバエと、論文数およびノーベル賞受賞回数を比較した表を示します。テトラヒメナを研究材料に使った論

おわりに

表 2017年度の論文数と過去のノーベル賞受賞者数

	2017年度の論文数 （今までの全論文数）	ノーベル賞受賞回数 （ノーベル化学賞）
テトラヒメナ	107 (6889)	2 (1)
線虫	1650 (29269)	2
酵母	9928 (268369)	4
ショウジョウバエ	3825 (101705)	5

(Pub Medで検索)

文数は圧倒的に少ないことがわかります。それはテトラヒメナを研究材料としている研究者数が少ないことを意味しています。それでも、ノーベル生理医学賞を1回（2人）、ノーベル化学賞を1回（1人）の計2回3名が受賞しています。研究者が少ないのに、よい研究成果があがっているわけです。私は、テトラヒメナの研究材料として優れている点が、すばらしい研究成果つながっているものと思います。

若い方々でテトラヒメナに興味がある方、どうぞテトラヒメナを研究材料として使って、よい研究を行なってくだして、ノーベル賞をとってください。期待していま

参考文献

【第1章】

1) Iwamoto, M., Mori, C., Kojidani, T., Bunai, F., Hori, T., Fukagawa, T., Hiraoka, Y., Haraguchi, T.: Two distinct repeat sequences of Nup98 nucleoporins characterize dual nuclei in the binucleated ciliate *Tetrahymena. Current Biology*, **19** (10), 843-847, 2009. doi: 10.1016/j.cub.2009.03.055

2) Iwamoto, M., Asakawa, H., Hiraoka, Y., Haraguchi, T.: Nucleoporin Nup98: a gatekeeper in the eukaryotic kingdoms. *Genes to Cells*, **15** (7), 661-669, 2010. doi: 10.1111/j.1365-2443.2010.01415.x

3) Fujiu, K., Numata, O.: Reorganization of microtubules in the amitotically dividing macronucleus of *Tetrahymena. Cell Motil Cytoskeleton*, **46** (1), 17-27, 2000.

4) Kushida, Y., Nakano, K., Numata, O.: Amitosis requires γ-tubulin-mediated microtubule assembly in *Tetrahymena thermophila. Cytoskeleton* (Hoboken), **68** (2), 89-96, 2011. doi: 10.1002/cm.20496. Epub 2010 Dec 22.

5) Preer, J. R. Jr., Preer, L. B., Rudman, B. M., Barnett, A. J.: Deviation from the universal code shown by the gene for surface protein 51A in *Paramecium. Nature*, **314** (6007), 188-190, 1985.

6) Horowitz, S., Gorovsky, M. A.: An unusual genetic code in nuclear genes of *Tetrahymena. Proc. Natl. Acad. Sci. USA*, **82** (8), 2452-2455, 1985.

7) Helftenbein, E.: Nucleotide sequence of a macronuclear DNA molecule coding for alpha-tubulin from the ciliate *Stylonychia lemnae*. Special codon usage: TAA is not a translation termination codon. *Nucleic Acids Res.*, **13** (2), 415-433, 1985.

8) Osawa, S., Jukes, T. H.: Codon reassignment (codon capture) in evolution. *J. Mol. Evol.*, **28** (4), 271-278, 1989.

9) Tourancheau, A. B., Tsao, N., Klobutcher, L. A., Pearlman, R. E., Adoutte, A.: Genetic code deviations in the ciliates: evidence for multiple and independent events. *EMBO J.*, **14** (13), 3262-3267,

1995.
10) Schoenborn, W., Doerfelt, H., Foissner, W., Krientiz, L., Schaefer, U. J. : A fossilized microcenosis in *Triassic amber. Eukaryot. Microbiol.*, **46** (6), 571-584, 1999.

【第2章】
1) Behnke, O., Forer, A., Emmersen, J. : Actin in sperm tails and meiotic spindles. *Nature*, **234** (5329), 408-410, 1971.
2) Forer, A., Behnke, O. : An actin-like component in sperm tails of a crane fly (*Nephrotoma suturalis* Loew). *J. Cell. Sci.*, **11** (2), 491-519, 1972.
3) Gibbons, I. R. : Studies on the protein components of cilia from *Tetrahymena pyriformis. Proc. Natl. Acad. Sci. USA*, **50**, 1002-1010, 1963.
4) Gibbons, I. R., Rowe, A. J. : Dynein: a protein with adenosine triphosphatase activity from cilia. *Science*, **149** (3682), 424-426, 1965.
5) Summers, K. E., Gibbons, I. R. : Adenosine triphosphate-induced sliding of tubules in trypsin-treated flagella of sea-urchin sperm. *Proc. Natl. Acad. Sci. USA*, **68** (12), 3092-3096, 1971.
6) Muto, E., Edamatsu, M., Hirono, M., Kamiya, R. : Immunological detection of actin in the 14S ciliary dynein of *Tetrahymena. FEBS Lett.*, **343** (2), 173-177, 1994.
7) Yanagisawa, H. A., Kamiya, R. : Association between actin and light chains in *Chlamydomonas* flagellar inner-arm dyneins. *Biochem. Biophys. Res. Commun.*, **288** (2), 443-447, 2001.
8) Williams, N. E., Tsao, C. C., Bowen, J., Hehman, G. L., Williams, R. J., Frankel, J. : The actin gene *ACT1* is required for phagocytosis, motility, and cell separation of *Tetrahymena thermophila. Eukaryot. Cell.*, **5** (3), 555-567, 2006.
9) Brown, J. M., Hardin, C., Gaertig, J. : Rotokinesis, a novel phenomenon of cell locomotion-assisted cytokinesis in the ciliate *Tetrahymena thermophila. Cell. Biol. Int.*, **23** (12), 841-848, 1999.

【第3章】
1) Prescott, D. M. : The DNA of ciliated protozoa. *Microbiol. Rev.*, **58** (2), 233-267, 1994.
2) Blackburn, E. H., Gall, J. G. : A tandemly repeated sequence at the termini of the extrachromosomal ribosomal RNA genes in *Tetrahymena. J. Mol. Biol.*, **120** (1), 33-53, 1978.
3) Blackburn, E. H. : Telomeres: do the ends justify the means? *Cell*, **37** (1), 7-8, 1984.
4) Henderson, E. : Telomere DNA structure. *in* Telomere (eds. Blackburn, E. H., Greider, C.W.), pp. 11-34, Cold Spring Harbor Laboratory Press, 1995.
5) Blackburn, E. H. : The molecular structure of centromeres and telomeres. *Annu. Rev. Biochem.*, **53**, 163-194, 1984.
6) Greider, C. W., Blackburn, E. H.:Identification of a specific telomere terminal transferase activity in *Tetrahymena extracts*. *Cell*, **43** (2 Pt 1), 405-413, 1985.
7) Greider, C. W., Blackburn, E. H. : A telomeric sequence in the RNA of *Tetrahymena* telomerase required for telomere repeat synthesis. *Nature*, **337** (6205), 331-337, 1989.
8) Yu, G. L., Bradley, J. D., Attardi, L. D., Blackburn, E. H. : *In vivo* alteration of telomere sequences and senescence caused by mutated *Tetrahymena* telomerase RNAs. *Nature*, **344** (6262), 126-132, 1990.
9) Hicke, B. J., Celander, D. W., MacDonald, G. H., Price, C. M., Cech, T. R. : Two versions of the gene encoding the 41-kilodalton subunit of the telomere binding protein of *Oxytricha nova. Proc. Natl. Acad. Sci. USA*, **87** (4), 1481-1485, 1990.
10) Blasco, M. A., Lee, H. W., Hande, M. P., Samper, E., Lansdorp, P. M., DePinho, R. A., Greider, C. W.:Telomere shortening and tumor formation by mouse cells lacking telomerase RNA. *Cell,* **91** (1), 25-34, 1997.
11) Gilley, D., Blackburn, E. H. : Lack of telomere shortening during senescence in *Paramecium. Proc. Natl. Acad. Sci. USA*, **91** (5), 1955-1958, 1994.

参考文献

【第4章】

1) Cech, T. R.: Ribosomal RNA gene expression in *Tetrahymena*: Transcription and RNA splicing. *in* The Molecular Biology of Ciliated Protozoa (ed. Joseph G. Gall), pp. 203-225, Academic Press, 1986.

2) Cech, T. R., Zaug, A. J., Grabowski, P. J.: *In vitro* splicing of the ribosomal RNA precursor of *Tetrahymena*: involvement of a guanosine nucleotide in the excision of the intervening sequence. *Cell*, **27** (3 Pt 2), 487-496, 1981.

3) Kruger, K., Grabowski, P. J., Zaug, A. J., Sands, J., Gottschling, D. E., Cech, T. R.: Self-splicing RNA: autoexcision and autocyclization of the ribosomal RNA intervening sequence of *Tetrahymena. Cell*, **31** (1), 147-157, 1982.

4) Zaug, A. J., Grabowski, P. J., Cech, T. R.: Autocatalytic cyclization of an excised intervening sequence RNA is a cleavage-ligation reaction. *Nature*, **301** (5901), 578-583, 1983.

5) Bass, B. L., Cech, T. R.: Specific interaction between the self-splicing RNA of *Tetrahymena* and its guanosine substrate: implications for biological catalysis by RNA. *Nature*, **308** (5962), 820-826, 1984.

6) Garriga, G., Lambowitz, A. M.: RNA splicing in neurospora mitochondria: self-splicing of a mitochondrial intron *in vitro. Cell*, **39** (3 Pt 2), 631-641, 1984.

7) van der Horst, G., Tabak, H. F.: Self-splicing of yeast mitochondrial ribosomal and messenger RNA precursors. *Cell*, **40** (4), 759-766, 1985.

8) Zaug, A. J., Cech, T. R.: The intervening sequence RNA of *Tetrahymena* is an enzyme. *Science*, **231** (4737), 470-475, 1986.

9) Herschlag, D., Cech, T. R.: DNA cleavage catalysed by the ribozyme from *Tetrahymena. Nature*, **344** (6265), 405-409, 1990. Erratum in: *Nature*, **344** (6268), 792, 1990.

【第5章】

1) Gorovsky, M. A.: Studies on nuclear structure and function in *Tetrahymena pyriformis*. II. Isolation of macro- and micronuclei. *J. Cell. Biol.*, **47** (3), 619-630, 1970.

2) Mathis, D. J., Gorovsky, M. A. : Structure of rDNA-containing chromatin of *Tetrahymena pyriformis* analyzed by nuclease digestion. *Cold Spring Harb. Symp. Quant. Biol.*, **42** (Pt 2), 773-778, 1978.

3) Brownell, J. E., Allis, C. D. : An activity gel assay detects a single, catalytically active histone acetyltransferase subunit in *Tetrahymena* macronuclei. *Proc. Natl. Acad. Sci. USA*, **92** (14), 6364-6368, 1995.

4) Brownell, J. E., Zhou, J., Ranalli, T., Kobayashi, R., Edmondson, D. G., Roth, S. Y., Allis, C. D. : *Tetrahymena* histone acetyltransferase A: a homolog to yeast Gcn5p linking histone acetylation to gene activation. *Cell*, **84** (6), 843-851, 1996.

5) Mizzen, C. A., Yang, X. J., Kokubo, T., Brownell, J. E., Bannister, A. J., Owen-Hughes, T., Workman, J., Wang, L., Berger, S. L., Kouzarides, T., Nakatani, Y., Allis, C. D. : The TAF (II) 250 subunit of TFIID has histone acetyltransferase activity. *Cell*, **87** (7), 1261-1270, 1996.

6) Victor, M., Bei, Y., Gay, F., Calvo, D., Mello, C., Shi, Y. : HAT activity is essential for CBP-1-dependent transcription and differentiation in *Caenorhabditis elegans. EMBO Rep.*, **3** (1), 50-55, 2002. Epub 2001 Dec 19.

7) Cheung, W. L., Briggs, S. D., Allis, C. D. : Acetylation and chromosomal functions. *Curr. Opin. Cell. Biol.*, **12** (3), 326-333, 2000.

8) Jenuwein, T., Allis, C. D. : Translating the histone code. *Science*, **293** (5532), 1074-1080, 2001.

【第6章】

1) Karrer, K. M. : The nuclear DNAs of holotrichous ciliates. *in* The Molecular Biology of Ciliated Protozoa (ed. Joseph G. Gall), pp. 85-110, Academic Press, 1986.

2) Greslin, A. F., Prescott, D. M., Oka, Y., Loukin, S. H., Chappell, J. C. : Reordering of nine exons is necessary to form a functional actin gene in *Oxytricha nova. Proc. Natl. Acad. Sci. USA*, **86** (16), 6264-6268, 1989.

3) Mochizuki, K., Fine, N. A., Fujisawa, T., Gorovsky, M. A. : Analysis of a piwi-related gene implicates small RNAs in genome

rearrangement in *Tetrahymena*. *Cell*, **110** (6), 689-699, 2002.
4) Mochizuki, K.: Developmentally programmed, RNA-directed genome rearrangement in *Tetrahymena*. *Dev. Growth Differ.*, **54** (1), 108-119, 2012. doi: 10.1111/j.1440-169X.2011.01305.x. Epub 2011 Nov 22.
5) Chalker, D. L., Meyer, E., Mochizuki, K.: Epigenetics of ciliates. *Cold Spring Harb. Perspect. Biol.*, **5** (12), a017764, 2013. doi: 10.1101/cshperspect.a017764.
6) Noto, T., Mochizuki, K.: Whats, hows and whys of programmed DNA elimination in *Tetrahymena*. *Open Biol.*, **7** (10), pii: 170172, 2017. doi: 10.1098/rsob.170172.
7) Nowacki, M., Vijayan, V., Zhou, Y., Schotanus, K., Doak, T. G., Landweber, L. F.: RNA-mediated epigenetic programming of a genome-rearrangement pathway. *Nature*, **451** (7175), 153-158, 2008. Epub 2007 Nov 28.
8) Bracht, J. R., Fang, W., Goldman, A. D., Dolzhenko, E., Stein, E. M., Landweber, L. F.: Genomes on the edge: programmed genome instability in ciliates. *Cell*, **152** (3), 406-416, 2013. doi: 10.1016/j.cell.2013.01.005.

【第7章】
1) Orias, J. D., Hamilton, E. P., Orias, E.: A microtubule meshwork associated with gametic pronucleus transfer across a cell-cell junction. *Science*, **222** (4620), 181-184, 1983.
2) Eisen, J. A., Coyne, R. S., Wu, M., Wu, D., Thiagarajan, M., Wortman, J. R., Badger, J. H., Ren,Q., Amedeo, P., Jones, K. M., Tallon, L. J., Delcher, A. L., Salzberg, S. L., Silva, J. C., Haas, B. J., Majoros, W. H., Farzad, M., Carlton, J. M., Smith, R. K. Jr., Garg, J., Pearlman, R. E., Karrer, K. M., Sun, L., Manning, G., Elde, N. C., Turkewitz, A. P., Asai, D. J., Wilkes, D. E., Wang, Y., Cai, H., Collins, K., Stewart, B. A., Lee, S. R., Wilamowska, K., Weinberg, Z., Ruzzo, W. L., Wloga, D., Gaertig, J., Frankel, J., Tsao, C. C., Gorovsky, M. A., Keeling, P. J., Waller, R. F., Patron, N. J., Cherry, J. M., Stover, N. A., Krieger, C. J., del Toro, C., Ryder, H. F., Williamson, S. C., Barbeau, R. A., Hamilton, E. P., Orias, E.:

Macronuclear genome sequence of the ciliate *Tetrahymena thermophila*, a model eukaryote. *PLoS Biol.*, **4** (9), e286, 2006.

3) Xiong, J., Lu, X., Lu, Y., Zeng, H., Yuan, D., Feng, L., Chang, Y., Bowen, J., Gorovsky, M., Fu, C., Miao, W. : Tetrahymena Gene Expression Database (TGED): a resource of microarray data and co-expression analyses for *Tetrahymena*. *Sci. China Life Sci.*, **54** (1), 65-67, 2011. doi: 10.1007/s11427-010-4114-1. Epub 2011 Jan 21.

4) Cervantes, M. D., Hamilton, E. P., Xiong, J., Lawson, M. J., Yuan, D., Hadjithomas, M., Miao, W., Orias, E. : Selecting one of several mating types through gene segment joining and deletion in *Tetrahymena thermophila*. *PLoS Biol.*, **11** (3), e1001518, 2013. doi: 10.1371/journal.pbio.1001518. Epub 2013 Mar 26.

【第8章】

1) Nanney, D. L., McCoy, J. W. : Characterization of the species of the *Tetrahymena pyriformis* complex. *Trans. Am. Microsc. Soc.*, **95** (4), 664-682, 1976.

2) Maupas E. : Le rajeunissement karyogamique chez les cilie. *Arch. Zool. Exp. Gen. Ser.*, **27**, 149-517, 1889.

3) Lwoff, A. : Sur la nutrition des infusoires. *C. R. Acad. Sci.*, **176**, 928-930, 1923.

4) Kidder, G. W., Dewey, V. C. : The biochemistry of ciliate in pure culture. *in* Biochemistry and physiology of protozoa (eds. Lwoff, A. and Hutner, S. H.), pp. 323-400, Academic Press, New York, 1951.

5) Watanabe, Y., Numata, O., Kurasawa, Y., Katoh, M. : Cultivation of *Tetrahymena* cells. *in* Cell Biology: Laboratory Handbook (ed. Celis, J. E.), pp. 398-404, Academic Press, San Diego, 1994.

6) Scherbaum, O., Zeuthen, E. : Induction of synchronous cell division in mass cultures of *Tetrahymena piriformis*. *Exp. Cell. Res.*, **6** (1), 221-227, 1954.

7) Watanabe, Y. : Some factors necessary to produce division conditions in *Tetrahymena pyriformis*. *Jpn. J. Med. Sci. Biol.*, **16**, 107-124, 1963.

8) Rasmussen, L., Zeuthen, E. : Cell division and protein synthesis in

参考文献

    Tetrahymena, as studied with *p*-fluorophenylalanine. *C. R. Trav. Lab. Carlsberg.*, **32**, 333-358, 1962.
9) Watanabe, Y., Ikeda, M.: Evidence for the synthesis of the "division protein" in *Tetrahymena pyriformis*. *Exp. Cell. Res.*, **38**, 432-434, 1965.
10) Williams, N. E., Macey, M. G.: Is Cyclin Zeuthen's "division protein"? *Exp. Cell. Res.*, **197** (2), 137-139, 1991.
11) Minshull, J., Blow, J. J., Hunt, T.: Translation of cyclin mRNA is necessary for extracts of activated xenopus eggs to enter mitosis. *Cell*, **56** (6), 947-956, 1989.
12) Shen, X., Gorovsky, M. A.: Linker histone H1 regulates specific gene expression but not global transcription *in vivo*. *Cell*, **86** (3), 475-483, 1996.
13) Mizzen, C. A., Dou, Y., Liu, Y., Cook, R. G., Gorovsky, M. A., Allis, C. D.: Identification and mutation of phosphorylation sites in a linker histone. Phosphorylation of macronuclear H1 is not essential for viability in *Tetrahymena. J. Biol. Chem.*, **274** (21), 14533-14536, 1999.
14) Wei, Y., Yu, L., Bowen, J., Gorovsky, M. A., Allis, C. D.: Phosphorylation of histone H3 is required for proper chromosome condensation and segregation. *Cell*, **97** (1), 99-109, 1999.
15) Xia, L., Hai, B., Gao, Y., Burnette, D., Thazhath, R., Duan, J., Br, M. H., Levilliers, N., Gorovsky, M. A., Gaertig, J.: Polyglycylation of tubulin is essential and affects cell motility and division in *Tetrahymena thermophila. J. Cell. Biol.*, **149** (5), 1097-1106, 2000.
16) Verhey, K. J., Gaertig, J.: The tubulin code. *Cell Cycle*, **6** (17), 2152-2160, 2007.
17) Zackroff, R. V., Hufnagel, L. A.: Induction of anti-actin drug resistance in *Tetrahymena. J. Eukaryot. Microbiol.*, **49**, 475-477, 2007.
18) Williams, N. E., Tsao, C. C., Bowen, J., Hehman, G. L., Williams, R. J., Frankel, J.: The actin gene *ACT1* is required for phagocytosis, motility, and cell separation of *Tetrahymena thermophila. Eukaryot. Cell*, **5** (3), 555-567, 2006.
19) Shimizu, Y., Kushida, Y., Kiriyama, S., Nakano, K., Numata, O.:

Formation of division furrow and its ingression can progress under the inhibitory condition of actin polymerization in ciliate *Tetrahymena pyriformis. Zool. Sci.*, **30**, 1044-1049, 2013.

索　引

【事項索引】

<ギリシャ字・数字>

αチューブリン ……………… 33
βチューブリン ……………… 33
γチューブリン …………… 17, 18
9+2構造 ……………… 33, 101
26S rRNA …………………… 52
26S rRNA前駆体…………… 52

<英字>

Dicer様タンパク質 ………… 75
DNA再編成 ………… 19, 73, 79
DNA損傷 …………………… 50
DNAポリメラーゼ…………… 41
http://ciliate.org/index.php/
　home/welcome ………… 97
http://protist.i.hosei.ac.jp/
　taxonomy/Ciliophora/index.
　html …………………… 25
http://tfgd.ihb.ac.cn/ …… 97
internal eliminated sequence
　(IES) …………………… 74
Loxodes …………………… 27
*MTA*遺伝子 ………………… 86
*MTB*遺伝子 ………………… 86
Oxytricha nova……… 47, 73, 79
PYD培地 …………………… 92
rDNA ………………………… 51
RNAウイルス ……………… 45
RNAプライマー………………41, 42
RNAワールド…………… 56, 58
scnRNA… 19, 71, 75, 77, 81, 97
tubulin code仮説 ……… 102
Twi1p タンパク質…………… 75
X染色体 …………………… 81
X染色体不活性化…………… 81

<あ行>

アクチベーター ……………… 62
アクチン ………… 4, 34, 37, 103
アクチン恒常性維持 ……… 103
アクチン重合阻害剤 ……… 103
アクチン・ミオシン系 ……… 38
アセチル化 …… 61, 63, 65, 66
アルベオラータ門 …………… 11
アンチエイジング …………… 48
生きた化石…………………… 25
遺伝子改変技術 …………… 98
遺伝子導入技術 …………… 98
遺伝子発現データベース …… 98

119

索　引

遺伝子発現データベースTGED
　……………………… 85, 97
移動核 ……………… 22, 72
異毛綱 (Heterotrichea)…… 25
イントロン ………………… 51
栄養核 ……………………… 15
栄養増殖期 ………………… 71
エクソン …………………… 51
エピジェネティクス …… 65, 68
エピジェネティク調節 … 63, 65
岡崎フラグメント ………… 42

<か行>

介在配列 (IVS) …………… 51
回復打 ……………………31, 32
外腕ダイニン ……… 32, 33
科学研究費 ………………… 98
核交換 ……………………21, 72
核交換期 …………………… 22
核小体 ……………………… 14
核内紡錘体 ………………… 16
核内輸送システム ………… 16
核膜孔 ……………………… 16
がん化 ……………………… 49
がん細胞 …………………… 48
完全合成培地 ……………… 92
基底小体微小管 …………… 102
キネシン …………………… 18
逆転写酵素 ………………… 45

クラミドモナス …………… 37
グループ I イントロン …… 55
クレセント期 ……………… 22
下毛亜綱 (Hypotichea) …… 25
原始大核綱 (Karyorelictea)
　……………………… 25, 27
減数分裂 …………………… 22
原生生物界 ………………… 11
原生生物情報サーバ ……… 25
コアクチベーター ……… 62, 63
コアヒストン ……………… 60
後期scnRNA ……………… 77
恒常性維持 ………………… 103
口部装置 (oral apparatus)
　……………………… 13, 103
コドン捕獲説 …………… 23, 24

<さ行>

サイクリン ………………… 95
細胞質ダイニン …………… 37
細胞質微小管 ……………… 102
細胞質分裂 …20, 39, 103, 104
細胞質分裂機構 …………… 103
細胞周期 …………………… 3
細胞表層微小管 …………… 102
細胞分裂 ……………… 3, 27, 103
細胞分裂の同調化 ………… 95
細胞分裂同調法 …………… 94
細胞老化 …………………… 50

軸糸 ……………… 32, 35
軸糸ダイニン ……………… 37
自己・非自己認識機構 ……… 90
終止コドン ……………… 23〜25
収縮環 ……… 4, 104, 105
周辺二連微小管 ……… 32, 33
受精核 ……………… 22
受精核形成 ……………21, 72
受精バスケット (fertilization basket) ……………… 84
寿命 ……………………41, 47
準備する心 (the prepared mind) ……………… 101
小核 ………………13, 17
小核内微小管 ……………… 102
食胞 ……………… 13
食胞形成 ……………… 103
振盪培養 ……………… 93, 94
スプライシング ……………… 51
滑り運動 ……………… 37
静止核 ……………… 22
生殖核 ……………… 14
生殖細胞 ……………14, 48
性染色体 ……………… 81
接合 ……………… 14, 20, 72
接合型 (性) ……………… 20, 85
接合型遺伝子 ……………87, 88
接合型決定機構 ……………… 100
セルフ・スプライシング 54, 55

セレンディピティ (serendipity) ……………… 100
全塩基配列データベース …… 98
全塩基配列の解読 ……… 97
前核 ……………… 22
前核形成 ……………… 72
前期scnRNA……………… 77
染色体末端構造 ……… 99
繊毛 ……………… 12, 33
繊毛運動 ……………31, 32
繊毛虫 ……………… 3
繊毛虫下毛目……………… 47
繊毛虫類 ……………… 11
繊毛内微小管 ……………… 102
繊毛列 ……………… 12, 101
ゾウリムシ (*Paramecium caudatum*) ……… 19

<た行>

大核 ……………… 13
大核内微小管 ……… 17, 102
大核分化 ……………21, 72
ダイニン ……… 18, 33, 35, 97
多核細胞 ……………… 39
脱アセチル化 ……… 65, 66
脱メチル化 ……… 65, 66
脱リン酸化 ……………… 66
中心対微小管……………… 32
ディジトニン (digitonin) … 35

索　引

定常期 …………………… 93
テトラヒメナ (*Tetrahymena pyriformis*) ……………… 11
テトラヒメナ (*Tetrahymena thermophila*) …………… 11
テトラヒメナ属 (*Tetrahymena*)
………………………… 11
テロメア (telomere)　4, 43, 97
テロメアRNA………………… 97
テロメア短縮 ……………… 50
テロメラーゼ (telomerase)
………………………… 5, 45, 97
転写調節因子 ……………… 62
突然変異体 ………………… 98
トランスポゼース (Tbp2pタンパク質) ……………………… 75

<な行>

内腕ダイニン …………32, 33, 37
ナノ染色体 (nanochromosome)
………………………… 79
二核性 ………………… 27, 28
ヌクレオソーム …………… 60
ヌクレオソームコア ……… 60
ヌクレオポリン …………… 16
ネクシンリンク ……… 32, 33

<は行>

微小管・キネシン系 ……… 38

微小管・ダイニン系 ……… 38
ヒストン ………… 59, 60, 61, 68
ヒストン2HA ……… 60, 62, 65
ヒストン2HB ……… 60, 62, 65
ヒストンH3 …… 60, 62, 65, 67
ヒストンH4 ……… 60, 62, 65
ヒストンアセチル基転移酵素
………………………… 59, 97
ヒストンコード仮説 …… 65, 67
ヒストンテール …………… 66
ヒストンマスク説 ………… 68
非翻訳RNA …………… 81　100
ヒメゾウリムシ …………… 50
貧膜口綱 (Oligohymenophorea)
………………………… 11, 25
不活性X染色体 …………… 81
不死化 ……………………… 47
プロセシング ……………… 51
分子内相同組換え …… 88, 89
分裂タンパク質 (division protein)
………………………… 95
ヘイフリック限界 ………… 48
ヘテロクロマチン ……… 14, 64
ヘテロクロマチン化 ……… 63
鞭毛 ………………………… 31
ホメオスタシス …………… 103
翻訳後修飾 ……… 61, 65, 102

122

<ま行>

膜貫通ドメイン ……………87, 88
膜口目………………………… 11
ミオシン ……………………… 34
無菌大量培養 …………… 92, 96
無菌培養法 ………………… 92
無糸分裂 …………………… 16
無性生殖 …………………… 20
メチル化 ………… 61, 63, 65, 66
モータータンパク質 ………… 31

<や行>

有効打 ……………………… 31
有糸分裂 …………………… 16
ユークロマチン ……………15, 64
ユークロマチン化 ………… 63

<ら行>

ラジアルスポーク ……… 32, 33
ラトランキュリンA …………… 103
リソソーム ………………… 13
リボザイム (ribozyme)
 ……………5, 51, 53, 54, 97
リボソームDNA……………… 15
リボソームRNA……………14, 51
リン酸化……………… 61, 65, 66
老化……………………… 48, 49
ロトキネシス (Rotokinesis) … 39

【人名索引】

Gaertig, J.……………… 102, 107
Lwoff ……………………… 92
Osawa ……………………… 23
Preer ……………………… 23
Zeuthen……………………… 94
アリス (C. D. Allis)
 ……………… 59, 97, 107
オリアス (Eduardo Olias)
 ……………20, 83, 84, 97
ギボンス (I. R. Gibbons)
 ………………………34, 36, 97
グライダー (C. Greider)
 ……… 5, 45, 48, 96, 97
ゴール (J. G. Gall) ………… 41
ゴロブスキイ (M. A. Gorovsky)
 ……………………23, 59, 97
チェック (T. R. Cech)
 ……… 5, 53, 56, 96, 97
月井雄二………………… 25, 26
ブラックバーン (E.H.Blackburn)
 …… 4, 41, 43, 45, 49, 50, 96, 97
望月……………………… 74, 77, 97
ランドウェーバー
 (L. F. Landweber) ……… 79
渡邉良雄 ……………… 3, 12, 96

123

【著者紹介】

沼田　治（ぬまた・おさむ）

1952年生まれ。1975年東京教育大学大学院修士課程理学研究科動物学専攻入学、1977年同大学院修士課程修了、1980年筑波大学大学院博士課程生物科学研究科生物物理化学専攻単位取得退学。理学博士（筑波大学）。筑波大学、上越教育大学などを経て、2001年筑波大学生物科学系教授、2018年定年退職。

ノーベル賞に二度も輝いた不思議な生物
テトラヒメナの魅力

2018 年 10 月 12 日　初版第 1 刷発行

著　者─────沼田　治
発行者─────古屋正博
発行所─────慶應義塾大学出版会株式会社
　　　　　　　〒 108-8346　東京都港区三田 2-19-30
　　　　　　　TEL〔編集部〕03-3451-0931
　　　　　　　　　〔営業部〕03-3451-3584〈ご注文〉
　　　　　　　　　〔　〃　〕03-3451-6926
　　　　　　　FAX〔営業部〕03-3451-3122
　　　　　　　振替　00190-8-155497
　　　　　　　http://www.keio-up.co.jp/

本文組版・装丁──辻　聡
印刷・製本───中央精版印刷株式会社
カバー印刷───株式会社太平印刷社

© 2018 Osamu Numata
Printed in Japan　ISBN 978-4-7664-2538-3

慶應義塾大学出版会

シリーズ・遺伝子から探る生物進化（全6巻）
斎藤成也・塚谷裕一・高橋淑子 監修

1 クジラの鼻から進化を覗く
岸田拓士著　クジラは進化生物学の研究対象として魅力的である。小笠原から極北アラスカ、そして南太平洋バヌアツへ。嗅覚をキーワードに、クジラの進化を追いかけた。日本の調査捕鯨問題にも一石を投じた一冊。　◎2,000 円

2 胎児期に刻まれた進化の痕跡
入江直樹著　私たち人間を含めた動物が胎児（胚）のとき、遠い何億年も前のご先祖様と同じ姿をしていたかどうか——進化発生学（エボデボ）にまつわる 150 年以上も未解明の大問題に挑んだ著者を待ち受けていた結末とは⁉　◎2,000 円

3 植物の世代交代制御因子の発見
榊原恵子著　生物が共通にもつ発生を司る遺伝子（発生遺伝子）に着目してその機能や発現を異なる生物間で比較すれば、生物が進化の過程で異なる形をもつようになった理由も説明できるのでは？　ヒメツリガネゴケを使って植物の発生進化がどこまでわかったかを紹介する。　◎2,200 円

4 新たな魚類大系統—遺伝子で解き明かす魚類 3 万種の由来と現在
宮正樹著　世界の海や川には 33,462 種の魚がいる！　遺伝子を比較して魚の過去を復元したところ、教科書を書き換える予想外の結果が次々と得られた。分子系統学が解き明かす魚類 5 億年の進化史。　◎2,400 円

5 植物はなぜ自家受精をするのか
土松隆志著　自家受精は遺伝子が壊れて進化した！　ある植物は自家受精ばかり行ない、また別の植物は自家受精をかたくなに拒む。このちがいは何なのか。長年の論争に遺伝子解析から挑む。　◎2,400 円

6 多様な花が生まれる瞬間
奥山雄大著　チャルメルソウ類の研究からたどり着いたのは、進化生物学で最古のテーマでもある「種の起原」という最も挑戦的な問題だった。花とその花粉を運ぶ虫との共生関係から、種の分化という謎に迫る。　◎2,400 円

表示価格は刊行時の本体価格（税別）です。

慶應義塾大学出版会

遺伝学辞典

Robert C. King, Pamela K. Mulligan, William D. Stansfield 編／公益財団法人遺伝学普及会監訳　遺伝学やライフサイエンス関連事項 7,340 項目を収録し、有用なデータを盛り込んだ充実の 6 つの付録を用意。また、遺伝学上重要な 1,036 件の歴史的出来事を年表として収録し、日本遺伝学会などが見直しを進める新和名を併記した、最も信頼できる遺伝学辞典。　◎15,000 円

バイオインフォマティクス入門

日本バイオインフォマティクス学会編　日本バイオインフォマティクス学会初の公式教科書。バイオインフォマティクスの全分野を、詳しい図解で基礎知識を学び、練習問題と解説で理解度を自己確認できる。厳選 80 項目と練習問題 80 題は、技術者認定試験の全範囲をカバー。　◎2,700 円

表示価格は刊行時の本体価格(税別)です。

慶應義塾大学出版会

銀河の中心に潜むもの
―ブラックホールと重力波の謎にいどむ

岡朋治著　宇宙年齢138億年、銀河系年齢132億年、地球年齢46億年―。銀河はどうなっているのか、どうして遠い宇宙のことがわかるのかをわかりやすく解説。著者の視線で日々の研究の進展と学者としての解釈を織り込みながら、銀河研究の最先端を紹介していく。　　◎1,800円

ケンブリッジの卵
―回る卵はなぜ立ち上がりジャンプするのか

下村裕著　物理学で長年解けなかった、「立ち上がる回転ゆで卵」の謎をどのようにして解明したのか。「回転ゆで卵の飛び跳ね」という未知の現象をいかに発見し実証したのかを、英国留学の日常とともに伝える発見ものがたり。　◎2,000円

表示価格は刊行時の本体価格(税別)です。